机械类"3+4"贯通培养规划教材

Autodesk Inventor 基础教程与产品设计实例

编著 杨月英 张效伟

参编 周 烨 奚 卉 刘奕捷 滕绍光

张 琳 马晓丽 王贵飞 王 培

科学出版社

北京

内 容 简 介

本书以 Autodesk Inventor 2015 为平台，重点介绍 Inventor 2015 中文版的各种操作方法和技巧。全书共 9 章，内容包括 Inventor 2015 基础知识、草图绘制与编辑、基本特征的创建与编辑、部件装配、创建工程图、创建表达视图、钣金造型、Inventor Studio 静态渲染和动画以及产品创新设计等。每一章都安排有应用示例、综合应用和上机指导。在介绍的过程中，内容由浅入深、从易到难，各章节既相对独立又前后关联。编者根据多年的教学经验及学习的通常心理，及时给出总结和相关提示，以帮助读者快速掌握所学知识。本书内容翔实、图文并茂、语言简洁、思路清晰、实例丰富。

本书可作为普通高等学校、职业院校和成人教育的教材，也可以作为初学者入门与提高的自学指导书。

图书在版编目（CIP）数据

Autodesk Inventor 基础教程与产品设计实例/杨月英，张效伟编著. —北京：科学出版社，2018.11

机械类"3+4"贯通培养规划教材

ISBN 978-7-03-059267-5

Ⅰ.①A… Ⅱ.①杨… ②张… Ⅲ.①机械设计-计算机辅助设计-应用软件-中等专业学校-教材 Ⅳ.①TH122

中国版本图书馆 CIP 数据核字（2018）第 249480 号

责任编辑：邓　静　张丽花 / 责任校对：郭瑞芝
责任印制：赵　博 / 封面设计：迷底书装

科 学 出 版 社 出版
北京东黄城根北街 16 号
邮政编码：100717
http://www.sciencep.com
固安县铭成印刷有限公司印刷
科学出版社发行　各地新华书店经销
*
2018 年 11 月第　一　版　　开本：787×1092　1/16
2024 年 7 月第三次印刷　　印张：12 1/2
字数：300 000

定价：52.00 元
（如有印装质量问题，我社负责调换）

前　言

Autodesk Inventor 是美国 Autodesk 公司于 1999 年底推出的中端三维参数化实体模拟软件。与其他同类产品相比，Autodesk Inventor 在用户界面、三维运算和显示着色功能方面有突破的进展。Autodesk Inventor 建立在 ACIS 三维实体模拟核心之上，摒弃许多不必要的操作而保留最常用的基于特征的模拟功能。Autodesk Inventor 不仅简化了用户界面、缩短了学习周期，而且大大加快了运算及着色速度。从而缩短了用户设计意图的展现与系统反应速度之间的距离，最大限度地发挥设计人员的创意。

本书以设计实例为主线，兼顾基础知识，图文并茂地介绍了 Autodesk Inventor 2015 中文版的功能、使用方法，以及进行零件设计和部件装配、创建二维工程图等基础内容。本书共 9 章：第 1 章为 Inventor 2015 基础知识，介绍了 Autodesk Inventor 2015 基本操作和基本知识；第 2 章为草图绘制与编辑，介绍了 Inventor 的工作界面、草图绘制和编辑、尺寸标注和编辑、草图几何约束等内容；第 3 章为基本特征的创建与编辑，介绍零件模型创建和编辑的常用方法；第 4 章为部件装配，介绍部件装配的基本方法；第 5 章为创建工程图，介绍如何创建和编辑工程图，以及工程图的尺寸标注和常用符号标注；第 6 章为创建表达视图，介绍如何创建爆炸图和制作部件的拆装动画；第 7 章为钣金造型，介绍钣金的基本创建方法和编辑；第 8 章为 Inventor Studio 静态渲染和动画，介绍产品效果图的制作以及动画的制作；第 9 章为产品创新设计，介绍如何进行新产品的设计和表达等内容。

本书具有较强的系统性，简明扼要地讲述了 Inventor 中大部分最常用的功能，以及这些功能在造型实例中的具体应用，使读者在完成基础部分的学习外，还能够在实际的设计中应用这些基础技能，以便加深对所学知识的理解。本书不仅讲述泵体柱塞组件的零件建模、组装，工程图生成，效果图、爆炸图以及渲染和动画等内容，还列举了大量的应用示例，每章后面附有详细的上机指导，以便读者学习。读者在学习过程中不仅可以开阔视野，还可以从中学习到更多的 Inventor 使用技巧，巩固所学知识和技能。

本书由青岛理工大学杨月英、张效伟编著，参编人员有青岛理工大学周烨、奚卉、刘奕捷、滕绍光、张琳、马晓丽、王贵飞和王培等。在本书的编写过程中，编者吸纳了许多同仁的宝贵意见和建议，在此表示衷心的感谢！

书中若有不妥之处，恳请读者不吝指教。

编　者

2018 年 9 月

目　　录

第 1 章　Inventor 2015 基础知识

　　Inventor 是美国 Autodesk 公司推出的一款三维可视化实体模拟软件，目前的最新版本是 Inventor 2019。Inventor 软件为工程师提供了一套全面灵活的三维机械设计、仿真、工装模具的可视化和文档编制工具集，能够帮助用户超越三维设计，体验数字样机解决方案。借助 Inventor 软件，工程师可以将二维 AutoCAD 绘图和三维数据整合到单一数字模型中，并生成最终产品的虚拟数字模型，以便在实际制造前，对产品的外形、结构和功能进行验证。基于 Inventor 软件的数字样机解决方案，能够以数字方式实现设计、可视化和仿真产品，进而提高产品质量、减少开发成本、缩短上市时间。

1.1　Inventor 2015 的新特性和新增功能

　　为了提供出色的造型体验，Inventor 2015 为三维造型环境引入有侧重性的、有效的增强功能。它还根据用户的请求对其他工作环境中工作的效率进行了一系列改进，既适合新造型人员使用，也适合高级造型人员使用。该版本中包含了用于直接编辑和创建自由造型的工具，并且支持以更快速的方式来修改和创建草图关系。

1. 直接编辑
　　以参数化方式移动、调整大小、旋转和删除导入的实体模型或 Inventor 内部文件。

2. 自由造型
　　使用自由造型功能，可以通过直接操纵来探索并创建自由造型的模型。用户可以在设计的任何阶段编辑自由造型形状。

3. 新约束工具和设置
　　使用全新的"放宽模式"可以提高修改已被约束的几何图元的工作效率。更快、更轻松地将草图转换为形状。通过改进的显示、推断和删除选项，能够更好地控制约束。通过"约束设置"命令,可以访问与二维草图约束相关的所有设置。

4. 改进的入门和学习体验

全新的学习体验环境和工具全部有机地结合在一起,使学习变得更轻松、更快捷。Inventor 2015 主页可作为用户的个人面板,它以一个中心位置来启动或编辑文件并访问用户的学习和帮助内容。团队网站可从 Inventor 主页进行访问。用户可以使用"团队网站"提供所选内容的链接。

教程学习路径也可从 Inventor 主页获得。新教程路径将指导用户完成大多数常用的工作流,从而为用户打下坚实的技能基础。路径中的新互动教程涵盖了草图、零件、部件和工程图的基础知识。有趣的挑战练习可以促进用户进行深入的学习。

改进的搜索功能让用户的工作效率更高。通过该功能,Inventor 提供的所有丰富内容让用户唾手可得,既快速又轻松。"搜索预览"可显示有关命令、帮助文章、支持内容、讨论组、YouTube 视频和博客的结果。

5. 工作流的增强功能

相对于通用功能,增强功能包括以下四方面的内容。

1) 零件

(1) 向扫掠添加了扭曲角度。

(2) 为孔提供了标准锥角深度。

(3) 对参数对话框进行增强。

2) 部件

(1) 接头增强功能包括偏移原点,在两个面之间选择虚拟中点作为接头原点并与工作几何图元对齐。

(2) 结构件生成器现在支持成员重用。

(3) 用户可以在两个平行平面或非平行平面之间创建工作平面。

3) 工程图

(1) 对于标注,可以双击引出序号上的任意位置以对其进行编辑。

(2) 将拆分表移动到其他图纸。

(3) 创建包含大型部件的工程图时,速度更快。

(4) 创建断开(线性、角度和弧长)尺寸。

4) 钣金

(1) 使用点窗口选择放置冲压。

(2) 在"剪切"对话框中添加了"法向剪切"选项。

(3) 增强了展开模式中的方向控制。

(4) 在浏览器中,EOP(造型终止)已更改为 EOF(展平/折叠终止)。

(5) 为展开模式和冲压工具指定 A 侧。

1.2   Inventor 2015 的安装和启动

1.2.1   Inventor 2015 的安装

Inventor 2015 的设计功能强大,需要计算机软硬件的支持性能指标如下。

1．软件环境

(1)操作系统：Windows 8/8.1/8.2 及以上版本。

(2)浏览器：IE7.0 及更高版本或其他同等浏览器。

2．硬件环境

(1)处理器：建议 Pentium 4 或 AMD Athlon™双核以上处理器，1.6GHz 或更高。

(2)内存：建议 4GB 以上内存。

(3)显示器：1024×768 像素真彩色。建议安装独立显卡。

(4)硬盘：典型安装需要 2GB 可用磁盘空间。

特别提示： Inventor 2015 软件有 32 位和 64 位两种，根据计算机操作系统来选择。

3．安装步骤

(1)安装：根据计算机系统选择 32 位或 64 位 Inventor 2015 安装程序，放入光盘，单击安装程序，计算机运行初始化设置，自动打开安装向导，单击图 1-1 所示"安装"。按照提示单击"下一步"按钮，并输入序列号和产品密钥，指定安装路径单击"安装"按钮，系统自动完成安装。

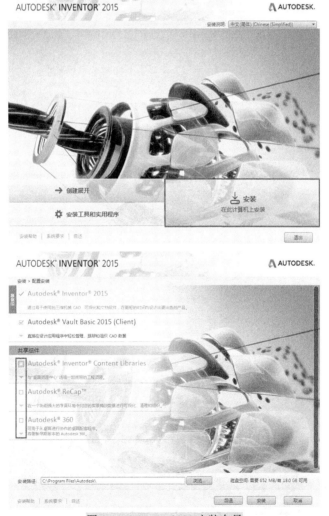

图 1-1　Inventor 2015 安装向导

(2)激活：安装成功后，双击桌面 Inventor 2015 快捷方式 图标或单击"开始"→"所有程序"→"Autodesk"→"Inventor 2015-Simplified Chinese"→"Inventor 2015"，运行 Inventor 2015，在"Autodesk 许可"界面单击"激活"按钮，如图 1-2 所示。然后选择"立即连接并激活"或"我具有 Autodesk 提供的激活码"。如果选择"我具有 Autodesk 提供的激活码"则运行注册机 (注册机 32 位或 64 位与安装的 CAD 对应)，从激活界面复制申请号粘贴到注册机的 Request 栏中，单击注册机上的 Mem Patch 按钮(非常重要)再单击 Generate 按钮生成激活码，如图 1-3 所示。复制激活码粘贴到软件激活界面的输入格中，单击"下一步"按钮完成注册。

图 1-2　激活产品

图 1-3　获取激活码

1.2.2　Inventor 2015 的启动

启动 Inventor 2015 的几种常用方法：

(1)双击桌面快捷方式图标  。

(2)单击"开始"→"所有程序"→"Autodesk-Inventor 2015-Simplified Chinese"→"Inventor 2015"。

(3)双击计算机中已存在的任意一个 Inventor 2015 图形文件。

1.3　Inventor 2015 工作界面

启动 Inventor 2015 后，如图 1-4(a)所示界面，单击"新建"图标，出现"新建文件"对话框，如图 1-4(b)所示，有四种工作环境，分别是"零件"、"部件"、"工程图"和"表达视图"。按需要选择一种工作环境，分别出现四种不同工作界面，如图 1-4(c)～(f)所示。界面上包含不同的命令组，完成不同的任务。

(a) Inventor 2015 起始界面

(b) Inventor 2015 "新建文件"界面

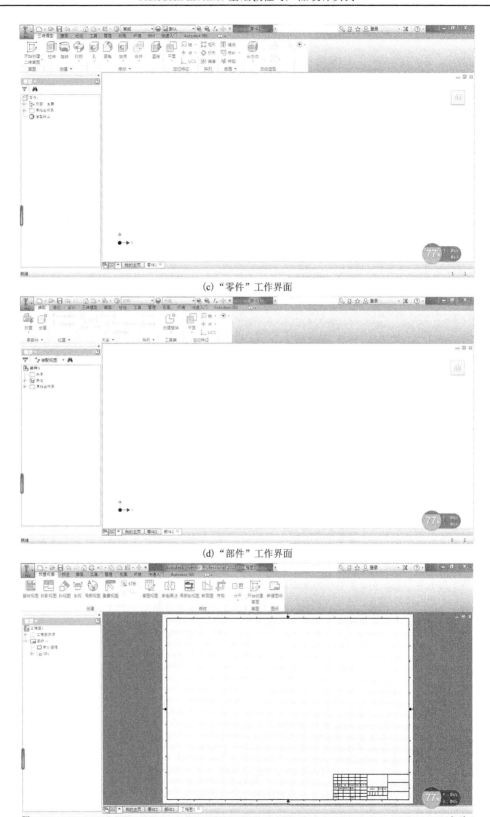

(c) "零件" 工作界面

(d) "部件" 工作界面

(e) "工程图" 工作界面

(f) "表达视图" 工作界面

图 1-4　工作界面

Inventor 2015 "零件" 工作界面是用户首先进入的工作环境，主要由标题栏、选项卡、工具面板、浏览器、绘图区、导航栏、ViewCube 观察器等部分组成，如图 1-5 所示。

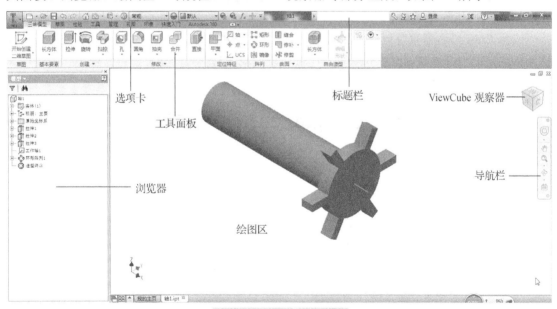

图 1-5　"零件" 工作界面

1．标题栏

标题栏位于界面顶部，其左端显示软件的图标、常用文件管理按钮，当前图形的文件名称，右端的三个按钮，即 "最小化"、"最大化" 和 "关闭" 按钮。

2．选项卡

在 Inventor 2015 零件环境中，选项卡分别为 "三维模型"、"草图"、"检验"、"工具"、"管理"、"视图"、"环境"、"BIM"、"快速入门" 和 "Autodesk360"。单击任何一个选项卡，都会出现不同的界面。

3．工具面板

工具面板位于主菜单栏下方，常用工具面板由一系列按钮组成，是一些常用菜单命令的快捷方式，主要用于对文件和视图的操作。位于界面左侧的基本要素和创建属于特征工具面板，它也是由一系列按钮组成，用于各种特征的创建。如果将鼠标指针停留在按钮处，鼠标指针附近和命令解释行中都将显示该按钮的功能说明，用户可由此了解各项命令。

4．浏览器

浏览器包括模型树、文件夹浏览器、收藏夹、连接等选项卡，较常用的是"模型树"选项卡。

模型树中显示了当前模型的所有特征及零件，以树形结构显示特征、零件的层次关系。当用鼠标右键在某个特征或零件上单击时，将弹出快捷菜单(也称右键菜单)，从中可以选择相应命令进行编辑操作。

5．绘图区

绘图区就是草图、模型或工程图等的显示区域，是用户进行绘图、建模等工作的场所，它相当于绘图板。该区域还具有浏览器功能，可浏览当前模型的有关信息，或浏览网络信息。用户可单击该区域两侧的分界条进行切换。

6．导航栏

导航栏包含通用导航工具和特定于产品的导航工具。

7．ViewCube 观察器

View Cube 观察器直观地反应了图形在三维空间内的方向,是模型在二维模型空间或三维视觉样式中处理图形时的一种导航工具,可以方便地调整模型的视点,可使模型在标准视图和等轴测视图间切换。

1.4　Inventor 2015 基本操作

1.4.1　鼠标的功能

1．鼠标左键

鼠标左键用于选取位置、命令或选取图元、特征和零件等图形对象，按下 Ctrl 键可以同时选取多个对象。

平移：按 F2 键和鼠标左键。

缩放：按 F3 键和鼠标左键，或者直接前后滚动鼠标中键。

旋转：按 F4 键和鼠标左键。

2．鼠标中键

1)在草绘模式下

缩放：滚动鼠标中键(滚轮)。

尺寸放置位置：鼠标中键决定尺寸放置位置。

移动：按住鼠标中键拖动鼠标。

2)在零件模式下

平移：按 Shift 键和鼠标中键。

旋转：按住鼠标中键拖动鼠标。

缩放：按 Ctrl 键和鼠标中键。

3. 鼠标右键

单击鼠标右键(简称右击)将会弹出当前模式下常用命令的快捷菜单。

4. Esc 键

用鼠标单击图标可执行操作，而结束时可使用键盘上的 Esc 键。

1.4.2　标准工具栏

标准工具栏选项包括"新建""打开""保存""撤销""恢复""返回""更新""选择优先设置""颜色替代""设计医生""自定义"按钮，如图 1-6 所示。

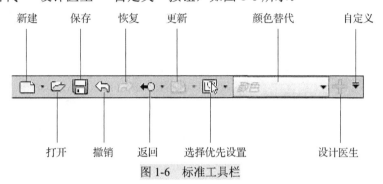

图 1-6　标准工具栏

其具体功能如下。

(1)新建——新建模板文件环境。例如，零件、装配、工程图、表达视图等。

(2)打开——打开并使用现有的一个或多个文件；要同时打开多个文件时可按住 Shift 键按顺序打开多个文件，也可以按住 Ctrl 键不按顺序选择多个文件。

(3)保存——将激活的文档内容保存到窗口标题指定的文件，并且文件保持打开状态。另外还有三种保存方式。

① 另存为——将激活的文档内容保存到"另存为"对话框中指定的文件。原始文档关闭，新保存的文档打开，原始文件的内容保持不变。

② 保存副本为——将激活的文档内容保存到"保存副本为"对话框中指定的文件，并且原始文件保持打开状态。

③ 保存副本为模板——直接将文件作为模板文件进行保存，保存目录如下。

Windows XP 系统——盘符：Program Files\Autodesk\Inventor2010\Templates。

Windows 7 或 Vista 系统——盘符：用户\公用\公用文档\Autodesk\Inventor2010\Templates。

(4)撤销——撤销上一功能命令。

(5)恢复——取消最近一次撤销操作。

(6)返回——有三个级别的操作，它们的含义分别如下。

① 返回——返回到上一个编辑状态。例如，草图环境中的"返回(上一状态)"将返回到包含草图的零件。

② 返回到父级——返回到浏览器中的父零部件。例如，当编辑子部件中的零件时，"返回到父级"会将编辑目标更改为子部件。当编辑草图时，"返回到父级"会将编辑目标更改为草图所属的零件。

③ 返回到顶级——返回到浏览器中的顶端模型，而不考虑编辑目标在浏览器装配层次中的嵌套深度。

（7）更新——获取最新的零件特性。

① 本地更新——仅重新生成激活的零件或子部件及其从属子项。

② 全局更新——所有零部件（包括顶级部件）都将更新。

（8）选择优先设置——在零件造型中设置选择模式并选择要操作的元素，如图 1-7 所示。

① 特征优先——将工具设置为选择零件上的特征。

② 选择面和边——将工具设置为选择零件上的面和边（特征环境默认选项）。

③ 选择草图特征——将工具设置为选择用于创建特征的草图几何图元（草图环境默认选项）。

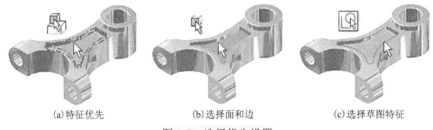

(a)特征优先   (b)选择面和边   (c)选择草图特征

图 1-7　选择优先设置

（9）颜色替代——可以改变零件表面的颜色。如图 1-8 所示，将零件的颜色由"按材料"替换为"蓝色"。如果只想改变单一面的颜色（图 1-9），方法是：在零件特征环境中右击需要改变颜色的特征面，在右键菜单中选择"特性"命令，打开"面特性"对话框，在下拉菜单中找到所要替代的颜色，单击"确定"按钮完成操作。

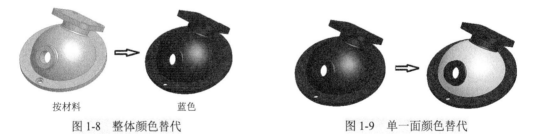

按材料   蓝色

图 1-8　整体颜色替代   图 1-9　单一面颜色替代

1.5　Inventor 2015 图形文件管理

在 Inventor 2015 中，图形文件管理操作命令包括新建、打开和保存图形文件，下面介绍其操作。

1.5.1　新建图形文件

在标准工具栏单击"新建"按钮□，可以新建一个图形文件。

执行"新建图形文件"命令后，弹出如图 1-10 所示的"新建文件"对话框。用户可以选择其中一个类型模块，单击"创建"按钮即可。

图 1-10　"新建文件"对话框

1.5.2　打开图形文件

在标准工具栏中单击"打开"按钮 📂，打开一个已存在的图形文件。

在标准工具栏中单击"打开"按钮，弹出"打开"对话框，如图 1-11 所示。

图 1-11　"打开"对话框

在"打开"对话框的文件列表框中，选择需要打开的图形文件，在左侧的"预览"框中将显示该图形的预览图像。

1.5.3　保存图形文件

在标准工具栏单击"保存"按钮 💾，为了防止因突然断电、死机等情况造成绘图样的丢失，用户应养成随时保存所绘图样的习惯。

执行"保存"命令后，对当前已命名的图形文件直接存盘保存；如该文件尚未命名，则弹出"另存为"对话框，如图 1-12 所示。从中选择路径并输入文件名，确认后进行保存。在"另存为"对话框中单击"保存类型"的下拉箭头可将文件保存为不同版本、不同类型的文件。

图 1-12 "另存为"对话框

1.5.4 关闭文件

1)关闭当前打开的文件而不退出 Inventor 系统

单击绘图区域最右侧的"关闭"按钮。

2)关闭文件退出 Inventor 系统

单击窗口右上角的"关闭"按钮。

1.6 关于项目文件

项目是 Inventor 最基础的设计数据管理机制之一。在 Inventor 中，一个设计由相互关联的零件、部件、工程图等几类文件以及一些相关的资源文件组成。这些文件之间的关联关系是在 Inventor 相关机制的控制下实现的，因而成为一个整体。例如，当创建三维部件时，会在部件和零件模型之间建立文件从属关系。随着设计复杂性日益提高，这些从属关系也会变得越来越复杂。Inventor 可以利用项目文件中包含的信息来准确查找所需文件，并正确显示它们。

1.6.1 激活项目文件

当 Inventor 2015 安装完成后，应用程序会自动安装三个项目文件，分别是 Default(默认)、Samples(实例)和 Tutorial_files(教程文件)。

当用户在创建任何文件的时候，必须具有一个激活的项目。应用程序在默认情况下，

Default(默认)项目文件处于激活状态。激活项目文件的方法是：在单击菜单栏中选择"文件"→"项目"选项，弹出"项目"对话框，如图 1-13 所示。在"项目"对话框上半部的显示框中双击项目名称，当黑色对勾移到项目名称前面表示此项目将被激活。

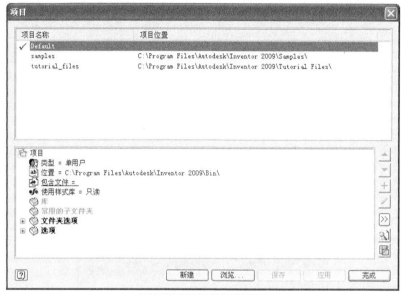

图 1-13　"项目"对话框

1.6.2　自定义项目文件

在进行一项设计工作之前，需要在应用程序中创建一个属于本设计工作的项目文件。那么所进行的实际设计可能会根据工作的复杂程度、数量等因素由一个人、本部门多人、跨部门协同完成设计工作，对这些不同规模的设计过程，传统设计也有不完全相同的管理模式。同样，在 Inventor 的项目中也有对应的准备，即建立不同的项目类型。

Inventor 的项目类型分为四种，分别如下。

(1)单用户——适用于单个设计师独立完成设计工作。

(2)共享——在共享项目中，所有文件都存储在服务器上，所有设计师都可以访问这些文件，并且在"实时变化"的文件上工作而不是将文件复制到个人工作空间中。

(3)半隔离——半隔离主项目指定共享文件的工作组以及一个或多个库。

(4)Vault——只有在安装 Autodesk Vault 之后才能使用 Vault 项目。Vault 可以防止设计师在 Vault 中修改文件的"原始"版本。

1.7　上 机 指 导

以创建"单用户"项目为例，创建自定义项目文件。

【操作方法】

(1)在菜单栏中选择"文件"→"项目"选项，弹出"项目"对话框。

(2)单击"项目"对话框中的"新建"按钮，弹出如图 1-14 所示的"Inventor 项目向导"对话框。

(3)在"Inventor 项目向导"对话框上选中"新建单用户项目"选项。

(4)单击"下一步"按钮之后，在弹出的对话框中填入"项目名称"并设置"项目(工作空间)文件夹"的位置，如图 1-15 所示。

图 1-14   "Inventor 项目向导"对话框   图 1-15   输入项目名称和路径

(5)单击"下一步"按钮之后，为新项目设置一个"库"，如图 1-16 所示。

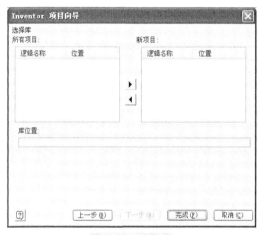

图 1-16   选择库

(6)单击对话框上的"完成"按钮。

(7)完成自定义项目的创建后，在"项目"对话框上半部的显示框中双击新建项目的名称，当黑色对勾移到项目名称前面时表示此项目将被激活。

特别提示： 只有在安装 Autodesk Vault 之后才能创建 Vault 项目；在单机版应用程序默认情况下，"共享"和"半隔离"项目文件不可创建。

1.8   操 作 练 习

在桌面创建单用户，自定义项目文件并激活，文件命名为"创新设计"。

第 2 章 草图绘制与编辑

教学目标

通过本章内容的学习，读者应掌握 Inventor 2015 草绘模块绘制、编辑草图的基本方法和使用技巧，以及各种参数的具体设置。

教学内容

- 绘制点、直线、矩形、圆、圆弧
- 对图元倒角和圆角
- 移动、旋转与缩放图元
- 复制、镜像与修剪图元
- 图元尺寸标注与修改
- 约束图元

使用 Inventor 2015 创建三维模型，有时需要以二维几何图形为基础。这些二维几何图形既可以来自外部文件，也可以通过 Inventor 2015 的草图环境进行绘制。

2.1 草图环境简介

草图是三维造型的基础，是创建零件的第一步。创建草图时，所处的工作环境就是草图环境，草图环境是专门用来创建草图几何图元的。虽然设计零件的几何形状各不相同，但是用来创建零件的草图环境都是相同的，如图 2-1 所示。

1. 自动创建草图环境

创建新零件模板文件时，Inventor 2015 会自动创建一个草图，直接进入草图环境，并且把草图平面定义在原始三维坐标系的 XY 平面上。如果用户需要再创建一个新的草图，则需要手动在零件的表面或原始坐标平面或工作平面上创建一个新的草图。

2. 草图环境界面

单击"新建"按钮 ⬜，或在"文件"下拉菜单中选择"新建"命令，在弹出的"新建"对话框中选择"零件"类型，并单击"草图"选项卡，出现绘制草图的命令图标，进入草图环境。在默认状态下，绘图平面为水平面，而且绘图平面是透明的。单击原点坐标系前的加号，分别选中默认的三个平面，右击绘图区，在快捷菜单中选择"可见性"选项。此时，三个绘图面呈淡红色，可以任意选择绘图平面，系统将自动进入草图环境。

进入草图环境后，工作界面在初始界面的基础上增加了与草图绘制相关的绘图命令。绘图命令按照功能分为创建功能区的绘制命令，修改功能区的编辑命令，阵列功能区、约束功能区的尺寸约束和几何约束，格式功能区等几部分。下面详细介绍这几部分功能的操作方法。

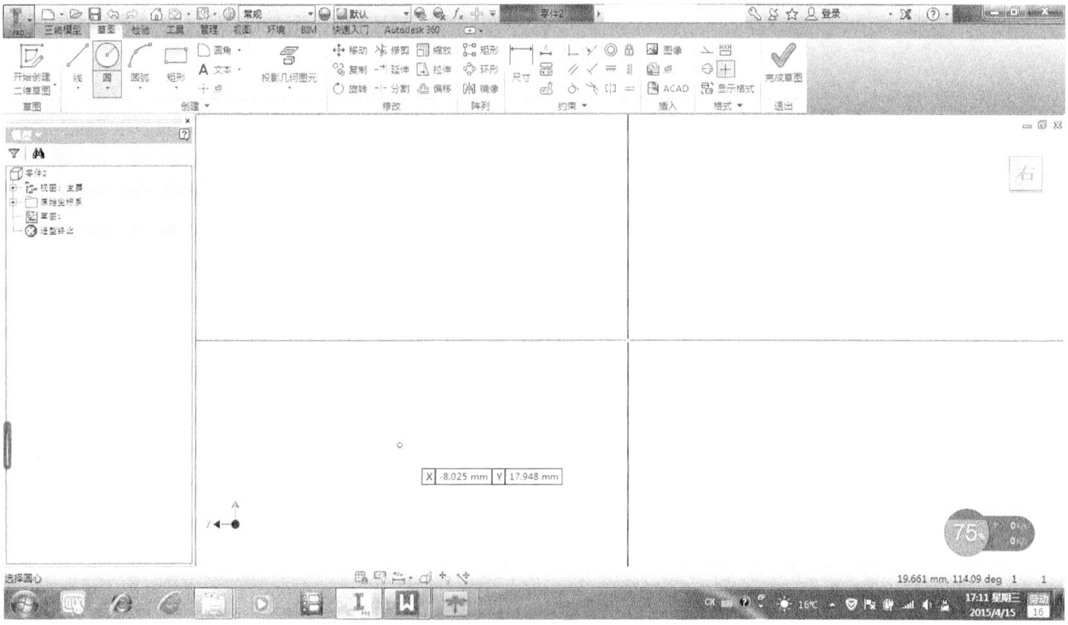

图 2-1　零件模块的草绘工作界面

在"草图"工具面板中，灰色显示的按钮表示暂不可使用，右侧或下侧的三角按钮 · 表示含有级联按钮菜单。

2.2　创建功能区

创建功能区包含常用的绘图命令，如图 2-2 所示，使用这些命令可以绘制草图的几何形状。

图 2-2　创建功能区

2.2.1　直线和样条曲线

草图环境下可以绘制以下情况的直线，对应有不同的图标。

1. 绘制直线

(1)单击"直线"工具 ∕，即可执行绘制直线的命令。

(2)在图形区任意一点单击，确定直线的起点。

(3)移动鼠标至另一点，单击确定直线终点，完成第一条直线绘制。

(4)移动鼠标可继续绘制第二条直线，此时第一条直线的终点自动作为第二条直线的起点。

(5)按 Esc 键，结束该命令。

2. 绘制与直线相切的圆弧

用"直线"工具还可以绘制与直线相切的圆弧。"基于手势"的绘图方法，如图 2-3 所示。

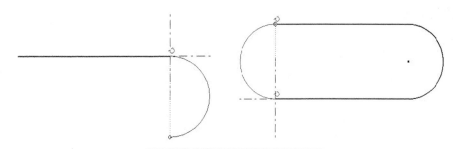

图 2-3　"基于手势"的绘图方法

【操作方法】

(1) 在"草图"工具面板中单击"直线"工具。

(2) 在绘图区域确定直线的第一点。

(3) 沿水平方向确定直线的第二点，绘制一条直线。

(4) 把光标移回第二点位置，光标将由黄色亮显变为灰色亮显。

(5) 按住鼠标左键移动光标，移动方向为半圆弧路径。

(6) 确定半圆弧的终点，需与第一条直线的第二点处于同一竖直线上。

(7) 移动光标绘制第二条直线的终点，需与第一条直线的第一点处于同一竖直线上。

(8) 同(4)、(5)步绘制另一侧半圆弧，终点与第一条直线的第一点重合。

3. 样条曲线

(1) 单击"直线"工具下边的黑三角，单击"样条曲线"按钮。

(2) 在图形区绘制一系列点，之后移动光标，Inventor 将每个光标点作为线的控制点，绘制二维样条曲线，并动态显示所绘样条线。

(3) 双击结束点或在结束点处右击鼠标，在右键菜单中选择"创建"选项，完成开口样条线绘制。

(4) 在创建过程中，右击绘图区，在右键菜单中选择"后退"选项，可以取消当前的控制点，并且可以一直退回到起点，重新开始。

(5) 将光标返回到起点，就可以创建封闭的样条线。

(6) 按 Esc 键，结束该命令。

2.2.2　圆和椭圆

绘制圆的方式有两种，可以用圆心+半径和三个相切条件绘制圆。

1. 通过圆心和半径绘制圆

(1) 单击"圆"按钮，即可执行绘制圆的命令。

(2) 在图形区选取圆心。

(3) 在图形区选取另一点作为圆的半径，绘制一个圆。

(4) 按 Esc 键，结束该命令。

2. 绘制与三个图元相切的圆

(1) 单击"圆"工具中的"圆相切"按钮。

(2) 选取要与圆相切的三个图元，绘制一个与之相切的圆。

(3) 按下鼠标中键，结束该命令。

3．绘制椭圆

(1)单击"圆"工具中的"椭圆"按钮 ⊙ 。

(2)在图形区选取一点作为椭圆的中心。

(3)移动鼠标调整椭圆的形状和大小，单击绘图区绘制出一个椭圆。

(4)按下鼠标中键，结束该命令。

4．应用示例

如图 2-4 所示，创建椭圆的焦点。

【操作方法】

(1)在"草图"工具面板中单击"椭圆"工具，任意绘制一个椭圆。

(2)在"草图"工具面板中单击"直线"工具，创建长、短半轴，并把两条直线改为构造线。

(3)从短半轴与椭圆的交点到长半轴上任意一点作直线构造线。

(4)为步骤(3)所绘制的构造线和长半轴添加"等长约束"，它们的交点就是椭圆的焦点。

(5)拖动椭圆的中心点或椭圆上任一点，焦点也跟随椭圆的变化而变化。

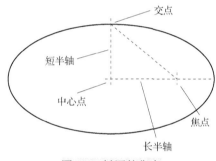

图 2-4   椭圆的焦点

2.2.3 圆弧

草图环境下可以绘制三种情况的圆弧，对应有三种不同的图标。

1．通过三点绘制圆弧

(1)单击"圆弧"工具 ⌒ 。

(2)在图形区选取圆弧的两个端点。

(3)再选取一点作为圆弧上的点，绘制出一条圆弧。

(4)按 Esc 键，结束该命令。

2．绘制一个端点与某图元相切的圆弧

(1)单击"圆弧"工具下拉按钮中的"圆弧相切"按钮 ⌒ 。

(2)单击其他实体的端点作为圆弧的起点，圆弧与实体相切的。

(3)确定第二点放置圆弧。

(4)按 Esc 键，结束该命令。

3．由圆心和端点

(1)单击"圆弧"工具下拉按钮中的"圆弧圆心"按钮 ⌒ 。

(2)在图形区选取圆弧的圆心。

(3)再选取两个端点作为圆弧上的点，绘制出一条圆弧。

(4)按 Esc 键，结束该命令。

2.2.4　矩形和多边形

Inventor 2015 提供了多种矩形的绘制方法，下面介绍几种常用的方法。

1．两点矩形

(1)在"草图"工具面板中单击"两点矩形"工具□。

(2)在绘图区单击以设定第一个角点。

(3)沿对角移动光标，然后单击绘图区设定第二点。

2．两点中心矩形

(1)在"草图"工具面板中单击"两点中心矩形"工具□。

(2)在图形窗口中单击以设定第一个角点，这个点将是绘制图形的中心。

(3)沿对角移动光标，然后单击设定第二点。

3．三点矩形

(1)在"草图"工具面板中单击"两点矩形"工具的下拉按钮，再单击"三点矩形"按钮◇。

(2)在图形窗口中单击以设定第一个角点。

(3)移动光标，单击设定第一条边的长度和方向。

(4)移动光标，单击设定相邻边的长度。

4．多边形

(1)在"草图"工具面板中单击"多边形"工具⬠。

(2)在"多边形"对话框中，选择内接或外接图标，如图 2-5 所示。

(3)指定边数；　输入的边数为 3～120。

(4)在图形区域选定多边形的中心，拖动鼠标以确定多边形的大小。

2.2.5　圆角和倒角

1．圆角

(1)在"草图"工具面板中单击"圆角"工具▢。

(2)出现图 2-6 所示"二维圆角"对话框，在对话框里输入圆角半径值。

(3)在添加圆角的两条直线相交处分别单击。

(4)并且可以仅使用一个命令创建多个圆角，这些圆角的半径将与第一个创建的圆角的半径相等。

图 2-5　"多边形"对话框

图 2-6　"二维圆角"对话框

2．倒角

(1)在"草图"工具面板中单击"圆角"工具的下拉按钮，再单击"倒角"按钮◺。

(2)图 2-7 所示为"二维倒角"对话框。

(3)在直线拐角或两条直线相交处添加圆角，可以是等距的，也可以是不等距的。

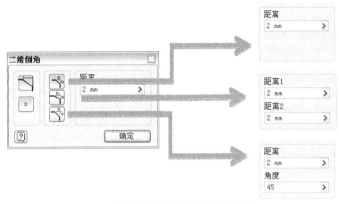

图 2-7　"二维倒角"对话框

2.2.6　槽

槽是零件常见图形，两端呈半圆弧。这里介绍四种常用的方法。

1．槽（中心到中心）

(1)在"草图"工具面板中单击"槽中心到中心"工具 ⬭。

(2)在图形窗口中单击以设定第一个点，作为一端圆弧的中心点。

(3)沿直线移动光标，然后单击设定第二点，作为另一端圆弧的中心点。

(4)沿直线移动光标，然后单击设定第三点，作为圆弧的半径点。

2．槽（整体）

(1)在"草图"工具面板中单击"槽整体"工具 ⬭。

(2)在图形窗口中单击以设定第一个点，作为一端圆弧的最远点。

(3)沿直线移动光标，然后单击设定第二点，作为另一端圆弧的最远点。

(4)沿直线移动光标，然后单击设定第三点，作为圆弧的半径点。

3．槽（三点圆弧）

(1)在"草图"工具面板中单击"槽三点圆弧"工具 ⬭。

(2)在图形窗口中单击以设定第一个点，作为一端圆弧的中心点。

(3)沿弧线移动光标，然后单击设定第二点，作为另一端圆弧的中心点。

(4)沿弧线移动光标，然后单击设定第三点，作为圆弧的半径点。

4．槽（圆心圆弧）

(1)在"草图"工具面板中单击"槽圆心圆弧"工具 ⬭。

(2)在图形窗口中单击以设定第一个点，作为圆弧的中心点。

(3)在图形窗口中单击以设定第二个点，作为一端圆弧的中心点。

(4)沿弧线移动光标，然后单击设定第三点，作为另一端圆弧的中心点。

(5)沿弧线移动光标，然后单击设定第四点，作为圆弧的半径点。

2.2.7　点、中心点

在"草图"工具面板中单击"点"工具 ✛，绘制点或孔中线点，通过标准工具栏上的 ⊞ 按钮来切换。用这个功能定义点的精确位置和在放置孔特征时的定位，并且可以被标注尺寸或约束到草图内的其他几何图元上。

2.2.8　文本

零件设计时会用到文字，如零件的编号、商标和产地等内容。在草图中编辑好文本后，可以使用拉伸、凸雕和冲压等工具生成模型。Inventor 会自动推理文件的外边界作为截面轮廓使用。在"草图"工具面板上单击"文本"工具，打开的文本编辑界面，其中大部分功能与 Word 雷同，在这里不做过多介绍。

2.3　草图修改功能区

草图修改功能区包含常用的编辑修改命令，使用这些命令可以方便快捷地得到复杂的几何图形，如图 2-8 所示。

图 2-8　修改功能区

2.3.1　移动、复制和旋转

1．移动

(1)在"草图"工具面板中单击"移动"工具 后，弹出如图 2-9 所示的"移动"对话框。

(2)选择要移动的图线，单击"移动"对话框中的"基准点"按钮，选定基准点。

(3)移动光标即可移动图线，还可以使用"精确输入"工具输入"基准点"的精确位置。

2．复制

(1)在"草图"工具面板中单击"复制"工具 后，弹出如图 2-10 所示的"复制"对话框。

(2)选择要复制的图线，单击"复制"对话框中的"基准点"按钮，选定基准点。

(3)移动光标即可复制图线，还可以使用"精确输入"工具输入"基准点"的精确位置。

图 2-9　"移动"对话框

图 2-10　"复制"对话框

3．旋转

(1)在"草图"工具面板中单击"旋转"工具 后，弹出如图 2-11 所示的"旋转"对话框。

(2)选择要复制的图线，单击"旋转"对话框中的"角度"按钮，输入角度数值。

(3)移动光标即可复制图线，还可以使用"精确输入"工具输入"中心点"的精确位置。

图 2-11　"旋转"对话框

2.3.2　修剪、延伸和分割

1．修剪

(1)在"草图"工具面板中单击"修剪"工具 。

(2)将光标悬停在要修剪掉的图线上，Inventor 会自动感应并根据现有图线修剪的情况，计算出最近的可能的结果，并用虚线显示出结果，如图 2-12 所示。

(3)按住 Shift 键或右键菜单，在"修剪"和"延伸"之间切换。

(a)修剪样条曲线　　　　　(b)修剪圆　　　　　(c)修剪直线

图 2-12　修剪工具效果

2.　延伸

(1)在"草图"工具面板中单击"延伸"工具 ⁻⁼| 。

(2)将光标悬停在要延伸的图线上和接近延伸方向的位置上，Inventor 会自动感应并根据现有图线延伸的情况，计算出最近的可能的结果，并用实线显示出结果，如图 2-13 所示。

(3)用于闭合处于开放状态的草图。按 Shift 键或右键菜单，在"修剪"和"延伸"之间切换。

(a)应用前　　　　　　　　　　　　(b)应用后

图 2-13　延伸工具效果

3.　分割

(1)在"草图"工具面板中单击"分割"工具 ⁻|⁻ 。

图 2-14　分割工具效果

(2)将光标悬停在要分割的图线上，Inventor 会自动感应并根据现有图线修剪的情况，计算所得的曲线分割至最近的相交线的可能性，并用红叉显示出结果，如图 2-14 所示。

(3)"分割"功能类似于将线段打断，但它会在打断处自动加上连接约束。

2.3.3　缩放、拉伸和偏移

1.　缩放

(1)在"草图"工具面板中单击"缩放"工具 ⬜ ，弹出如图 2-15 所示的"缩放"对话框。

(2)单击"缩放"对话框中的"基准点"按钮，选定基准点。

(3)移动光标即可拉伸图线，还可以使用"精确输入"工具输入"基准点"的精确位置。

2.　拉伸

(1)在"草图"工具面板中单击"拉伸"工具 ⬛ ，弹出如图 2-16 所示的"拉伸"对话框。

(2)单击"拉伸"对话框中的"基准点"按钮，选定基准点。

(3)移动光标即可拉伸图线，还可以使用"精确输入"工具输入"基准点"的精确位置。

图 2-15　"缩放"对话框

图 2-16　"拉伸"对话框

3. 偏移

"偏移"工具 的实际功能，不能按照字面上的意思来解释，实际上是把图形按照法线方向创建一个处处相等、一一对应的图形。

2.4　草图阵列功能区

阵列功能区包含矩形阵列、环形阵列和镜像等，如图 2-17 所示。

1. 矩形阵列

矩形阵列以原始草图和阵列方向草图线为基础，形成矩形或菱形阵列，图 2-18 所示为"矩形阵列"对话框。它必须具备的条件是：一个现有的草图和一条或两条充当阵列方向的直线。

图 2-17　阵列功能区

【操作方法】

(1)单击"草图"工具面板上的"矩形阵列"工具 。

(2)单击"几何图元"按钮，选定进行阵列的草图几何图元。

(3)单击"方向 1"拾取按钮，然后选择几何图元定义阵列的第一个方向。

(4)在"数量"输入框中输入阵列数量，在"间距"输入框中输入元素之间的间距。

(5)单击"方向 2"拾取按钮，选择几何图元定义阵列的第二个方向，然后指定"数量"和"间距"。

(6)单击"确定"按钮创建阵列。

图 2-18　"矩形阵列"对话框

"更多"按钮参数说明：

● 抑制——以选择各个阵列元素，将其从阵列中删除。该几何图元将被抑制。

● 关联——以指定更改零件时更新阵列。

● 范围——以指定阵列元素均匀分布在指定角度范围内。如果未选中此选项，阵列间距将应用于两元素之间的角度，而不是阵列的总角度。

2. 环形阵列

环形阵列以原始草图和阵列中心点为基础，形成完整的或包角的环形阵列，图 2-19 所示为"环形阵列"对话框。它必须具备的条件是：一个现有的草图、一个草图点或现有图线上的点。

【操作方法】

(1)单击"草图"工具面板上的"矩形阵列"工具 。

图 2-19　"环形阵列"对话框

(2) 单击"几何图元"按钮，选定进行阵列的草图几何图元。

(3) 单击"旋转轴"按钮，然后选择点、顶点或工作轴作为阵列轴。

(4) 在"数量"输入框中输入阵列数量。

(5) 在"角度"输入框中输入用于阵列的角度。

(6) 单击"确定"按钮创建阵列。

3. 镜像

利用"镜像"命令可创建"轴对称图形"，图 2-20 所示为"镜像"对话框。它必须具备的条件是：一个现有的草图和一条充当对称轴的直线。

图 2-20　"镜像"对话框

【操作方法】

(1) 在"草图"工具面板中单击"镜像"工具 ⬚。

(2) 单击"选择"按钮，选定所有要镜像的图线。

(3) 单击"镜像线"按钮，选定单条直线作为对称轴。

(4) 单击"应用"按钮，将创建对称图形的另一半。

(5) 单击"结束"按钮完成操作。

4. 应用示例

下面介绍绘制如图 2-21 所示图形的步骤和方法。

【操作方法】

(1) 在"草图"工具面板中单击"圆"工具，任意绘制一个圆。

(2) 在"草图"工具面板中单击"通用尺寸"工具，标注圆的直径为 90。

(3) 在"草图"工具面板中单击"直线"工具，绘制一条长度为 45 的水平直线，并改为构造线。

(4) 依然使用"直线"工具，以圆心为起点，圆上任意一点为终点绘制一条直线，并改为构造线。

(5) 在"草图"工具面板中单击"通用尺寸"工具，标注两条构造线之间的角度为 90。

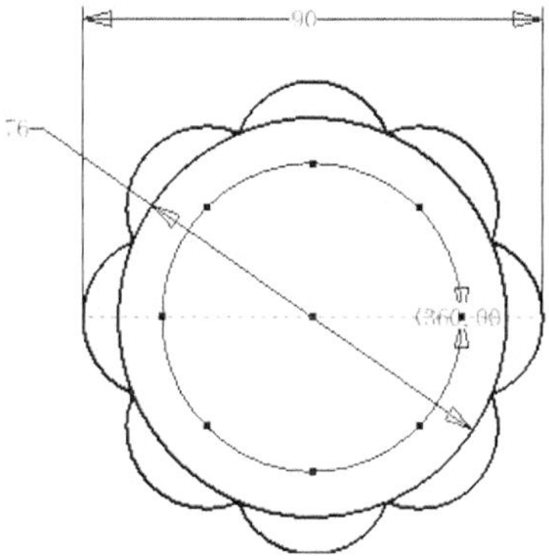

图 2-21　图形

(6) 在"草图"工具面板中单击"镜像"工具，倾斜构造线为要镜像的几何图元，水平构造线为镜像线，绘制镜像图形。

(7) 在"草图"工具面板中单击"三点圆弧"工具，依次单击三条构造线与圆的交点绘制圆弧。

(8) 在"草图"工具面板中单击"环形阵列"工具，阵列几何图元选择圆弧，旋转轴选择圆心，数量为 8，角度为 360。

(9) 单击"确定"按钮，完成绘制。

2.5　草图约束功能区

由于 Inventor 是参数化/变量化的实体建模软件，所以 Inventor 将参数化技术中的全尺寸约束细分为"尺寸约束"和"几何约束",而工程关系(装配约束等)就可以直接与几何约束耦合处理,实现基于装配关系的关联设计。约束功能区如图 2-22 所示。下面来看看"尺寸约束"和"几何约束"工具的使用情况。

图 2-22　约束功能区

2.5.1　"尺寸约束"工具

1．"通用尺寸"工具

单击"草图"工具面板上的"通用尺寸"工具 ⊢⊣,随着操作的不同,Inventor 将按用户选择的图形进行自动推理,以相应的方式作出响应。

标注的类型如下。

(1)单个直线的线性水平、垂直尺寸。

(2)两点之间的线性水平、垂直尺寸。

(3)线性对齐尺寸。

(4)平行线间距。

(5)圆、弧的半径或直径。

(6)角度。

(7)轴向截面的直径。

(8)标注到圆或弧的象限点尺寸。

图 2-23　"自动标注尺寸"对话框

2．"自动标注尺寸"工具

在"草图"工具面板上单击"自动标注尺寸"工具 ⍗,弹出如图 2-23 所示对话框。

(1)曲线——选定要标注驱动尺寸的图线。

(2)尺寸和约束——是否对所选图线自动添加相关尺寸和几何约束。

(3)所需尺寸——计算并显示出目前草图要完全约束,以及还欠缺的几何约束和尺寸约束的数量。

(4)应用——对所选图线添加尺寸和几何约束。

(5)删除——删除添加的约束尺寸和几何约束。

(6)结束——完成操作。

3．引用其他尺寸

1)引用本草图内的其他尺寸

用户可以在输入驱动尺寸数据时,单击现有的某尺寸,直接使用它的参数名作为这个尺寸的值,如图 2-24 所示。

特别提示:用户也可以在尺寸框中直接输入"参数名"。

2)引用本草图外的其他尺寸

用户可以在输入驱动尺寸数据时,引用现有特征或者其他草图的某尺寸,直接使用它的参数名作为这个尺寸的值表达式,如图 2-25 所示。方法是:单击"尺寸"输入框的下拉按钮,启用"显示尺寸"功能,然后选择现有尺寸即可。

图 2-24　编辑尺寸 1

图 2-25　编辑尺寸 2

3) 引用计算表达式

用户可以在输入驱动尺寸数据时，使用计算表达式，如 +、-、*、/、() 等。

思考：要引用 d2 尺寸数据的一半，怎么表示？如图 2-26 所示。

4. 修改尺寸

双击要修改的尺寸，在出现的对话框中更改尺寸数字，此时输入新的数值，并选择对勾按钮即可修改尺寸值，如图 2-24 所示。

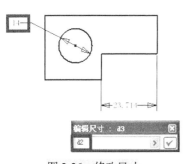

图 2-26　修改尺寸

2.5.2 "几何约束"工具

"几何约束"工具包括垂直、平行、相切、平滑、重合、同心、共线、等长、水平、竖直、固定和对称等约束，如图 2-27 所示。

1. 添加"几何约束"工具

从人的设计思维习惯和经典几何构成上说，对于任何几何图形，几何约束总是第一个添加的约束条件。所以，在草图创建中，应先使用几何约束来确定图线关系。

在绘制草图的过程中，Inventor 会自动感应推理图线之间的几何关系。如果发现符合上述讲到的几何约束关系，则软件会在线条的附近显示出相关的几何约束标记；如果确认，Inventor 会自动添加这个几何约束。

图 2-27　"几何约束"工具

当然在绘制完成的草图上，也可以后期添加几何约束。

(1) 垂直 ✓ ——使所选直线、曲线或椭圆轴处于互成 90° 角位置。

(2) 平行 ∥ ——使选定的直线或椭圆轴相互平行。

(3) 相切 ◔ ——使曲线(包括样条曲线的端点)与其他曲线相切。

(4) 平滑 ☇ ——创建样条曲线使其与其他曲线(如直线、圆弧或样条曲线)之间的曲率连续。

(5) 重合 ⋮₋ ——将点约束到二维和三维草图中的其他几何图元。

(6) 同心 ◎ ——使两个圆弧、圆或椭圆具有同一中心点。

(7) 共线 ✓ ——使选定的直线或椭圆轴位于同一条直线上。

(8) 等长 = ——使选定圆和圆弧的半径相同，选定直线的长度相同。

(9)水平 $\overline{\overline{}}$ ——使直线、椭圆轴或成对的点平行于草图坐标系的 X 轴。

(10)竖直 ∦ ——使直线、椭圆轴或点对平行于坐标系的 Y 轴。

(11)固定 🔒 ——将点和曲线固定在相对于草图坐标系的某个位置。

(12)对称 ⊔⊔ ——使选定的直线或曲线相当于选定线对称约束。

如果新添加的约束已经存在或者与其他约束矛盾，此时 Inventor 会自动检查这种"过约束"，并弹出如图 2-28 所示对话框提出相关提示。

图 2-28　创建约束

2. 几何约束的查看和删除

当完成草图的几何约束设置之后，如何进行查看和删除呢？

查看的方法有以下三种。

(1)单击"草图"工具面板上的"显示约束"工具，选定某图线后，将在图线附近显示出所有的几何约束。当光标悬停在图标上，软件会将与之相关的图线同时以黄色背景亮显，相关图线为红色。如果想删除此约束，右击图线，在弹出的右键菜单中选择"删除"选项即可。

(2)在绘图空白区域右击鼠标，在弹出的右键菜单中选择"显示所有约束"选项，所有图线上的所有约束都将被显示出来。

(3)如果设计者在绘制草图时，不想让软件自动感应添加约束，按住 Ctrl 键的条件下绘制草图即可，但是"点重合"约束是依然会被添加的，其他约束将不会被添加。

3. 应用示例

下面介绍绘制如图 2-29 所示图形的步骤和方法。

【操作方法】

(1)在"草图"工具面板中单击"两点矩形"工具，任意绘制一个矩形。

(2)在"草图"工具面板中单击"通用尺寸"工具，标注矩形的长为 90。

(3)在"草图"工具面板中单击"直线"工具，连接矩形两条竖直边的中点，并改为构造线。

(4)在"草图"工具面板中单击"相切圆"工具，依次绘制四个角的圆。

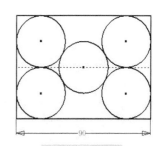

图 2-29　示例图

(5)在"草图"工具面板中单击"圆"工具，以构造线的中点为圆心，并与其中一个圆的切点距离为半径绘制圆。

(6)在"草图"工具面板中单击"等长约束"工具，约束各圆相等。

2.6　格式功能区

格式功能区命令如图 2-30 所示，有构造线、中心线和显示格式。

图 2-30　格式功能区

1．构造线

构造线在绘图区域显示的是虚线，如图 2-31 所示。简单地说就是它在绘图中起到了一个辅助线的作用，在实体造型的时候不会起到轮廓线的作用，但是用户可以为它添加尺寸约束和几何约束来辅助草图绘制。例如，在一个直径为 50 的圆板上有一个直径为 10 的圆孔，用户怎样来为它定位呢？结果如图 2-32 所示。

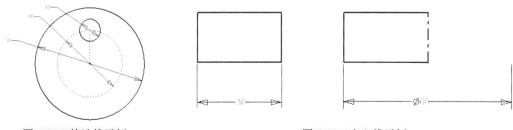

图 2-31　构造线示例　　　　　　　　　　图 2-32　中心线示例

绘制完成后结束草图，进入特征造型环境。选择"拉伸"特征，这时 Inventor 会自动识别到"拉伸"轮廓，这说明在特征造型中是识别不到构造线的。如果把构造线改成实线会是什么效果呢？

2．中心线

中心线的作用是在绘制草图时，定义中心线或者轴线，并且在添加尺寸约束时起到辅助作用。例如，绘制同样大小的两个矩形，并把其中一个矩形的一条边改为中心线，然后分别标注两对边之间的距离，如图 2-32 所示。

3．中心点

用于定位孔特征。若要创建中心点，则使用"草图"工具面板上的"点/中心点"工具，来放置由"孔"工具自动识别的中心点。

2.7　草图的编辑

1．构造图元与几何图元的转换

构造图元只作为绘图时的参考，用虚线显示。选取要编辑的图元，再单击"编辑"→"切换构造"选项，可实现构造图元与几何图元的相互转换。

2．撤销与重做

1）撤销

在绘制草图时，若需要撤销上一步操作，可以单击标准工具栏中的"撤销"按钮，或直接按 Ctrl+Z 快捷键，或选择"编辑"→"撤销××"选项，其中的××为上一步操作的具体名称。

2）重做

在绘制草图时，若需要恢复上一步撤销的操作，可以单击标准工具栏中的"重做"按钮，或者直接按 Ctrl+Y 快捷键，或者选择"编辑"→"重做××"选项，其中的××为上一步撤销操作的具体名称。

3．删除

选取要进行删除的图元，再选择"编辑"→"删除"选项，或者直接按键盘上的 Delete 键即可删除选中的图元。

2.8　上机指导

创建如图 2-33 所示的图形。

【操作方法】

图 2-33 所示的图形具有对称性，可以先绘制图形右上角的 1/4 部分，再用镜像的方式完成其余部分。

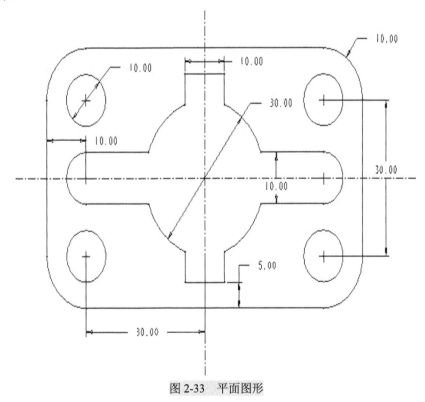

图 2-33　平面图形

1）建立新文件

单击"新建"按钮，在弹出的"新建"文件对话框中选择"零件"类型，单击"创建"按钮，进入草图环境。

2）绘制对称轴

单击 ⊕ 按钮，绘制两条互相垂直的中心线，得到如图 2-34 所示图形。

3) 绘制图形的 1/4

(1) 单击 ╱ 按钮，在图形区依次绘制直线，得到如图 2-35 所示图形。

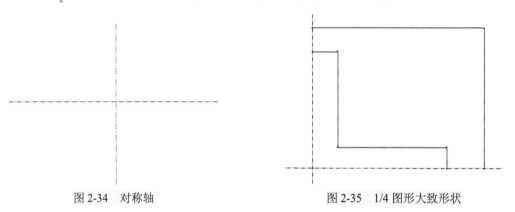

图 2-34　对称轴　　　　　　　　　　　图 2-35　1/4 图形大致形状

(2) 单击 ▢ 按钮，选择需要倒圆角的边，得到如图 2-36 所示图形。

(3) 单击 ⊘ 按钮，选择倒角圆弧，绘制圆 1(右上角)；单击 ⊘ 按钮，绘制圆 2 得到如图 2-37 所示图形。

(4) 单击 ⌒ 按钮，以图形对称中心为圆心绘制圆弧，得到如图 2-38 所示图形。

(5) 单击 ✂ 按钮，选择要剪切掉的部分，得到如图 2-39 所示图形。

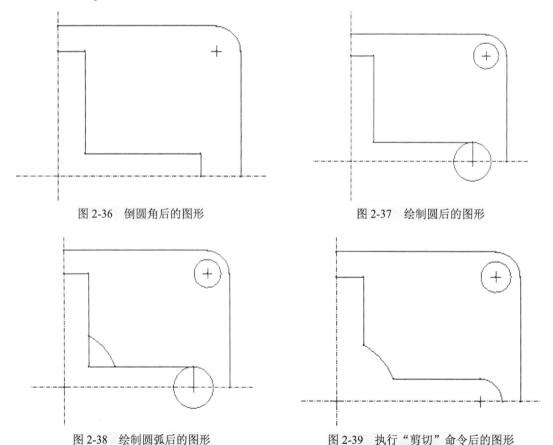

图 2-36　倒圆角后的图形　　　　　　　图 2-37　绘制圆后的图形

图 2-38　绘制圆弧后的图形　　　　　　图 2-39　执行"剪切"命令后的图形

4) 镜像其余部分

选择绘制完成的部分，单击 ⦇⦈ 按钮，选取对称中心线(纵轴)，得到如图 2-40 所示图形。

选择绘制完成的部分，单击 ⦇⦈ 按钮，选取对称中心线(横轴)，得到如图 2-41 所示图形。

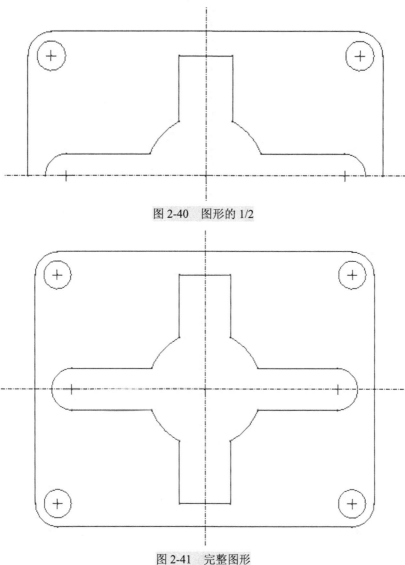

图 2-40　图形的 1/2

图 2-41　完整图形

5) 标注尺寸

(1) 单击 ⊢⊣ 按钮，激活"尺寸标注"命令，选择标注对象后按鼠标中键放置尺寸。

(2) 标注直线长度，直接选取直线，如图 2-42 中的尺寸 1.96。

(3) 标注圆或圆弧的半径，选择圆或圆弧，如图 2-42 中的尺寸 0.88。

(4) 标注圆或圆弧的直径，双击圆或圆弧，如图 2-42 中的尺寸 1.10、4.42。

(5) 标注两点之间的距离，分别选取两点，如图 2-42 中的尺寸 8.74。

(6) 标注点与直线的距离，分别选取点和直线，如图 2-42 中的尺寸 1.45、5.76。

(7) 标注两平行线之间的距离，分别选取两条平行线，如图 2-42 中的尺寸 1.60。得到如图 2-42 所示图形，注意图形中的尺寸是随机的，由鼠标选取点的变化而有所不同。

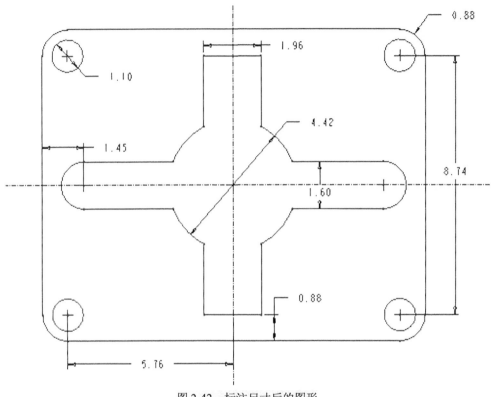

图 2-42　标注尺寸后的图形

6) 修改截面草图的尺寸

双击要修改的尺寸文本，按图 2-33 修改各个尺寸，所有尺寸修改完毕后，单击 ✔ 按钮，完成修改，调整尺寸到图形的合适位置。

7) 保存文件

单击 💾 按钮，打开"保存对象"对话框，以当前文件名称保存。

特别提示：

(1) 通常先修改对截面外观影响不大的尺寸。如果需要对图形进行约束，尺寸的修改应安排在建立完约束以后进行。

(2) 为避免单个尺寸变化太大影响整体图形的生成，可在"修改尺寸"对话框中取消勾选"再生"复选项，使图形不随尺寸的调整而变化。

(3) 如果要修改的尺寸大小与设计的尺寸相差太大，应该用变换图元的方法将要修改尺寸的图元变换到与设计尺寸相近，然后再修改尺寸值。

2.9　操　作　练　习

综合运用上述草图绘制和编辑命令，就可以绘制完整的草图，用于后续的三维建模中。请读者练习各命令，并完成图 2-43～图 2-52 所示的图形。

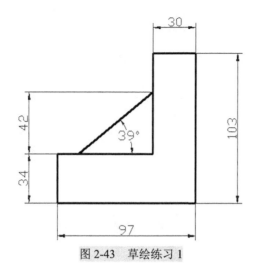

图 2-43　草绘练习 1

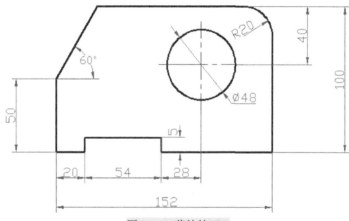

图 2-44　草绘练习 2

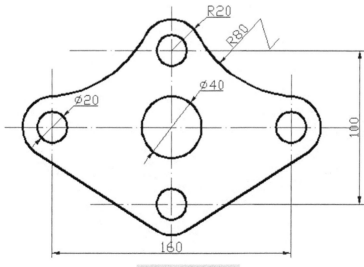

图 2-45　草绘练习 3

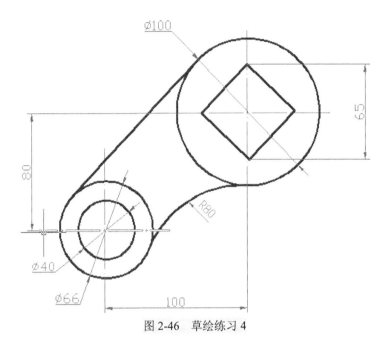

图 2-46　草绘练习 4

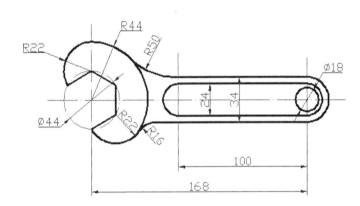

图 2-47　草绘练习 5

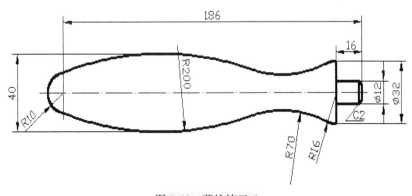

图 2-48　草绘练习 6

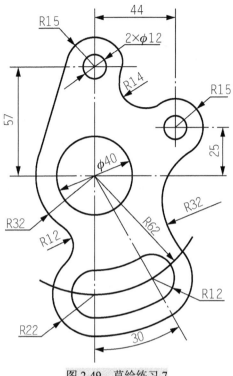

图 2-49　草绘练习 7

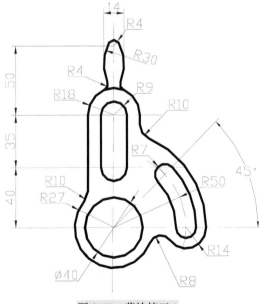

图 2-50　草绘练习 8

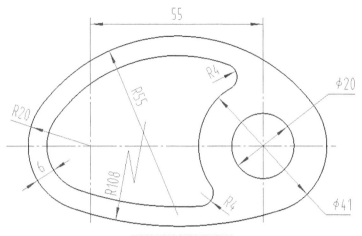

图 2-51　草绘练习 9

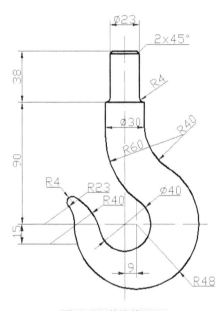

图 2-52　草绘练习 10

第 3 章　基本特征的创建与编辑

　　在 Inventor 2015（后面简称 Inventor）中，零件是特征的集合，设计零件的过程就是依次设计零件的每一个特征的过程。在零件环境中主要有草图特征、放置特征和定位特征三类特征。在特征环境下，零件的全部特征都显示在浏览器中的模型树里面。通过编辑特征可以修改零件模型的尺寸和结构。

3.1　基于草图简单特征的创建

　　在 Inventor 中，某些特征要先创建草图后才可以创建的，如拉伸特征，这样的特征称为基于草图的特征；某些特征则不用创建草图，直接在实体上创建，如倒角特征，它与草图无关，这些特征就是非基于草图的特征，下面分别介绍。

3.1.1　拉伸特征

　　拉伸特征是由一个截面沿着垂直于草绘平面的方向延伸而形成的特征，如图 3-1 所示。

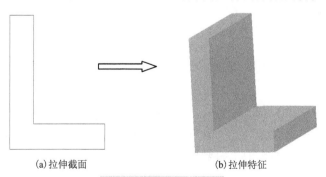

(a)拉伸截面　　　　　　　　　　(b)拉伸特征

图 3-1　拉伸特征的形成

拉伸可创建实体或切割实体。特征的形状由截面形状、拉伸范围和扫掠斜角三个要素来控制。下面按顺序介绍拉伸特征的造型要素。

单击零件"特征"面板上的"拉伸"工具，打开"拉伸"对话框如图 3-2 所示。

图 3-2　拉伸特征操控栏

"形状"选项卡由"形状""输出"和"范围"这几个选项区，下面对这几个选项区里的选项进行详细介绍。

1. 截面轮廓形状

进行拉伸操作的第一个步骤是用"拉伸"对话框上的"截面轮廓"工具选择截面轮廓。截面轮廓可以是单个截面轮廓、多个截面轮廓(取消选取需要按 Ctrl 键并单击要取消的截面轮廓)、嵌套的截面轮廓和开放的截面轮廓(形成拉伸曲面)。

2. 输出方式

拉伸操作提供两种输出方式：实体和曲面。选择"实体"可将一个封闭的截面形状拉伸成实体，选择"曲面"可将一个开放的或封闭的截面形状拉伸成曲面。

3. 布尔操作

布尔操作提供 3 种操作方式： 添加、 切削和 求交，如图 3-3 所示。

(1)选择"添加"选项 ，将拉伸特征产生的体积与原特征合二为一。

(2)选择"切削"选项 ，从另一个特征中去除由拉伸特征产生的体积。

(3)选择"求交"选项 ，保留由拉伸特征和其他特征的公共体积，其余材料被去除。

图 3-3　添加、切削和求交 3 种布尔操作模式下生成的零件特征

4. 拉伸生成方向

完成截面绘制回到特征创建环境后，图形区显示的箭头方向为拉伸特征生成方向。若采用两侧拉伸，则该方向为"第一侧"，可单击特征操控栏上的 按钮进行反向。

(1) 按钮：按默认拉伸方向生成特征。

(2) 按钮：按另一拉伸方向生成特征。

(3) 按钮：按对称两个方向拉伸生成特征。

(4) 按钮：按两个方向不同的尺寸拉伸生成特征。

5. 拉伸方向

终止方式确定轮廓截面拉伸的距离，在 Inventor 中有 5 种终止方式，即距离、到表面或平面、到、从表面到表面、贯通。

(1)"距离"方式：是系统的默认方法，它需要指定起始平面和终止平面之间建立拉伸的深度。需要在拉伸深度文本框中输入具体的深度数值，利用方向按钮指定方向。

(2)"到表面或平面"方式：需要用户选择下一个可能的表面或平面，以指定的方向终止拉伸。可拖动截面轮廓使其反向拉伸到草图平面的另一侧。

(3)"到"方式：需要选择终止拉伸的面或平面。可在所选面上或在终止平面延伸的面上终止零件特征。对于部件拉伸，选择终止拉伸的面或平面。可选择位于其他零部件上的面和平面。

(4)"从表面到表面"方式：对于零件拉伸来说，需要选择终止拉伸的起始和终止面；对于部件拉伸来说，可选择位于相同的部件层次的零部件上的面和平面。

(5)"贯通"方式：可使得拉伸特征在指定方向上贯通所有特征和草图拉伸截面轮廓。

6. 拉伸斜角

对于所有终止方式类型，都可为拉伸(垂直于草图平面)设置拉伸斜角。该功能在"更多"选项下，可通过输入斜角创建锥形。

当拉伸特征因素都设置完后，单击"拉伸"对话框的"确定"按钮，即可创建拉伸特征。

7. 应用示例

应用"拉伸"命令创建如图 3-4 所示模型。

图 3-4　拉伸实体

【操作方法】

单击"新建"按钮，选择零件建模。

1) 使用拉伸特征创建基本体

选择一个坐标面为草绘平面，绘制如图 3-5 所示形状的截面，不必考虑尺寸，单击 按钮退出草图环境。设置拉伸深度类型为 ，在"拉伸深度"文本框中输入"20"并按 Enter 键，单击操控栏中的 按钮完成特征创建，得到如图 3-6 所示的模型。

2）使用拉伸特征创建切除材料部分

选择基本体模型的左侧表面为草绘平面，绘制如图 3-7 所示形状的截面，单击 ✅ 按钮退出草图环境。单击 🔲 按钮，通过 ⬜ 或 ⬜ 按钮使箭头指向要切除材料的方向（截面内部），设置拉伸范围为"到"方式，选择终止拉伸的面是基本体模型中间立柱的右侧面，单击操控栏中的 ✅ 按钮完成特征创建，得到如图 3-8（a）所示的模型。

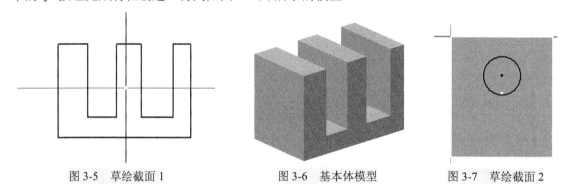

图 3-5　草绘截面 1　　　　图 3-6　基本体模型　　　　图 3-7　草绘截面 2

特别提示：

在上述应用示例中，若对图 3-7 中草绘截面 2 的拉伸范围等内容进行修改，可得到不同形状的模型，如图 3-8 所示。如操控栏已关闭，可在模型树中右击要修改的特征，在右键菜单中选择"编辑定义"选项，打开该特征对应的操控栏进行相应设置。

（1）设置拉伸范围为"贯通"，单击操控栏中的 ✅ 按钮完成特征创建，得到如图 3-8(b) 所示的模型。

（2）设置拉伸类型为 🔲，拉伸范围为"到"，选择中间的左面为终止面，单击操控栏中的 ✅ 按钮完成特征创建，得到如图 3-8(c) 所示的模型。

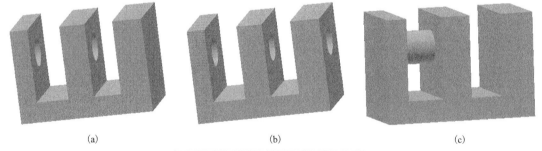

（a）　　　　　　　　　　　　（b）　　　　　　　　　　　　（c）

图 3-8　不同拉伸深度类型对应的模型

3.1.2　旋转特征

在 Inventor 中，把一个截面轮廓围绕一根旋转轴来创建旋转特征，如果截面轮廓是封闭的，则创建实体特征；如果是非封闭的，则创建曲面特征。

创建旋转特征，先要绘草图截面轮廓，然后单击零件"特征"面板上的"旋转"工具，打开"旋转"对话框，如图 3-9 所示。

图 3-9　"旋转"对话框

1. 操作说明

很多造型的因素和拉伸特征的造型因素相似。旋转轴可以是已有的直线，也可以是工作轴或构造线。旋转特征的终止方式可以是整周或角度，如果选择角度则需输入旋转的角度，还可单击方向箭头以选择旋转方向，或在两个方向上等分输入的旋转角度。参数设置完毕后，单击"确定"按钮即可创建旋转特征。图 3-10 是利用旋转创建的回转体零件及其草图截面轮廓。

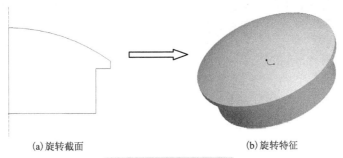

(a) 旋转截面　　　　　　　　　　　　　(b) 旋转特征

图 3-10　旋转特征的形成

2. 应用示例

应用"旋转"命令创建如图 3-11 所示模型。

【操作方法】

1) 创建模型

单击"新建"按钮，选择"零件"模块，绘制如图 3-12 所示截面，注意要绘制一条中心线作为旋转轴（本例中为竖直方向），单击操控栏中的✔按钮退出草图环境。接受默认的旋转范围全部，单击操控栏中的✔按钮完成特征创建，得到如图 3-11 所示的模型。

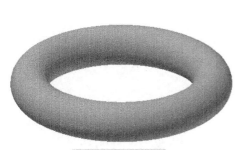

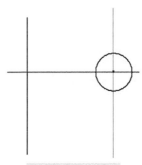

图 3-11　旋转实体　　　　　　　　　　　　　　图 3-12　草绘截面

2)保存文件

单击"保存"按钮,选择保存途径,更改零件名称,可保存零件模型。

特别提示:

在上述应用示例中,若对图 3-11 中旋转角度类型等内容进行修改,也可得到各种不同形状的模型。

(1)设置旋转范围为"角度",设置旋转角度值为 240°,单击操控栏中的 ✅ 按钮完成特征创建,得到如图 3-13(a)所示的模型。

(2)设置旋转范围为"角度",设置旋转角度值为 240°,设置旋转类型为"对称" ⊠ ,单击操控栏中的 ✅ 按钮完成特征创建,得到如图 3-13(b)所示的模型。

(3)旋转范围为"到",选择终止面,单击操控栏中的 ✅ 按钮完成特征创建,得到如图 3-13(c)所示的模型。

(4)设置旋转范围为"介于两面之间",分别选择两个平面,单击操控栏中的 ✅ 按钮完成特征创建,得到如图 3-143(d)所示的模型。

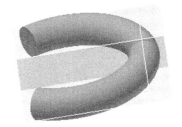

(a)旋转范围为"角度"　　　　　　　　　　(b)旋转类型为"对称"

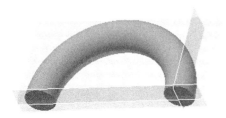
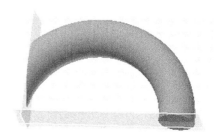

(c)旋转范围为"到"　　　　　　　　　　(d)旋转范围为"介于两面之间"

图 3-13　不同旋转角度类型对应的模型

3.2　定　位　特　征

定位特征是构建新特征的参考平面、轴或点,在几何图元不足以创建和定位新特征时,为特征创建提供必要的约束,以便于完成特征的创建。定位特征包括工作点、工作轴和工作平面。

3.2.1　点

工作点是参数化的构造点,可放置在零件几何图元、构造几何图元或三维空间中的任意位置。工作点的作用是用来标记轴和阵列中心、定义坐标系、定义平面(三点)和定义三维路径。在零件环境中,可用零件"定位特征"面板上的"点"工具,如图 3-14 所示。选择模型的顶点、边和轴的交点,3 个不平行平面的交点或平面的交点以及其他可作为工作点的定位特征,也可在需要时人工创建工作点。其中的"点"选项需要输入 3 个坐标确定工作点的位置。当工作点创建以后,在浏览器中会显示该工作点。

3.2.2　轴

工作轴是参数化附着在零件上的无限长的构造线,可用零件"定位特征"面板上的"轴"工具来创建,如图 3-15 所示。在三维零件设计中,轴线常用来辅助创建工作平面、辅助草图中的几何图元的定位、创建特征时用来标记对称的直线、中心线或两个旋转特征轴之间的距离、作为零部件装配的基准、创建三维扫掠时作为扫掠路径的参考等。

图 3-14　创建点

图 3-15　创建轴

创建工作轴,可用零件"定位特征"面板上的"轴"工具。

创建轴的方法有以下几种:

(1)选择一条线性边、草图直线或三维草图直线,沿所选的几何图元创建工作轴;

(2)选择一个旋转特征(如圆柱体),沿其旋转轴创建工作轴;

(3)选择两个有效点,创建通过它们的工作轴;

(4)选择一个工作点和一个平面(或面),创建与平面(或面)垂直并通过该工作点的工作轴;

(5)选择两个非平行平面,在其相交位置创建工作轴;

(6)选择一条直线和一个平面,创建的工作轴与沿平面法向投影到平面上的直线的端点重合。

在各种情况下创建的工作轴如图 3-16 所示。

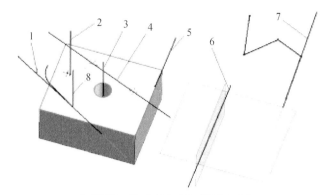

图 3-16　各种情况下创建的工作轴

1—沿草图直线；2—过一点且垂直于某平面；3—过旋转面或特征；4—过两点；5—沿线性边；
6—过两平面交线；7—沿三维草图直线；8—与沿法向投影到平面上的直线端点重合

3.2.3　平面

工作平面是一个无限大的构造平面，工作平面可用来构造轴、草图平面或中止平面、作为尺寸定位的基准面、作为另外工作平面的参考面、作为零件分割的分割面以及作为定位剖视观察位置或剖切平面等。创建工作平面可用零件"定位特征"面板上的"平面"工具，如图 3-17 所示。

创建平面的方法有以下几种：

(1)选择一个平面,创建与此平面平行同时偏移一定距离的工作平面；

(2)选择不共线的三点，创建一个通过这三个点的工作平面；

(3)选择一个圆柱面和一条边，创建一个过这条边并且和圆柱面相切的工作平面；

(4)选择一个点和一条轴，创建一个过点并且与轴垂直的工作平面；

(5)选择一条边和一个平面，创建过边且与平面垂直的工作平面；

(6)选择两条平行的边，创建过两条边的工作平面；

(7)选择一个平面和一条平行于该平面的边，创建一个与该平面成一定角度的工作平面；

(8)选择一个点和一个平面，创建过该点且与平面平行的工作平面；

(9)选择一个曲面和一个平面，创建一个与曲面相切并且与平面平行的曲面；

(10)选择两个圆柱面和一个构造直线的端点，则创建在该点处与圆柱面相切的工作平面等。

利用各种方法创建的工作平面如图 3-18 所示。

图 3-17　创建平面

（左侧工具栏列表）
平面
从平面偏移
平行于平面且通过点
两个平面之间的中间面
圆环体的中间面
平面绕边旋转的角度
三点
两条共面边
与曲面相切且通过边
与曲面相切且通过点
与曲面相切且平行于平面
与轴垂直且通过点
在指定点处与曲线垂直

(a)三点工作平面

(b)过边并与面相切

(c)过点并与轴垂直

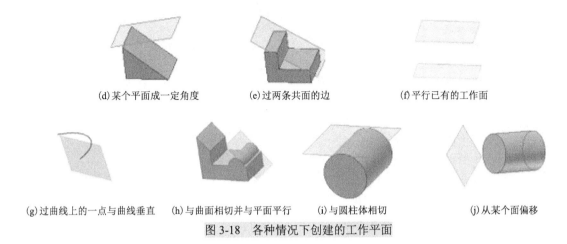

(d)某个平面成一定角度　　　　(e)过两条共面的边　　　　　　　(f)平行已有的工作面

(g)过曲线上的一点与曲线垂直　(h)与曲面相切并与平面平行　(i)与圆柱体相切　　　　　　(j)从某个面偏移

图 3-18　各种情况下创建的工作平面

3.2.4　显示与编辑定位特征

定位特征创建以后，在浏览器中会显示出定位特征的符号，右击特征符号打开右键菜单可以显示和编辑定位特征。在菜单中勾选或取消"可见"选项的对勾可显示或隐藏工作平面。

通过右键菜单中的"显示尺寸"选项可改变工作平面的定义尺寸；通过"重定义特征"选项可以重新定义定位特征。如果要删除一个定位特征，则选择右键菜单中的"删除"选项即可。

3.3　放置特征和阵列特征

放置特征和阵列特征可在特征工作环境下直接创建。放置特征包括圆角与倒角、零件抽壳、打孔特征、拔模斜度、镜像特征、阵列特征、螺纹特征、加强筋(肋板)以及分割零件。阵列特征包括矩形阵列和环形阵列。

3.3.1　圆角与倒角

1.　圆角

在 Inventor 中，可创建等半径圆角、变半径圆角和过渡圆角，利用"圆角"工具打开"圆角"对话框如图 3-19 所示，默认为定半径圆角的选项。

定半径圆角特征由 3 个部分组成：边、半径和选择模式。先选择产生圆角的边，指定半径，再指定圆角模式。

(1)选中"边"选项，只对选中的边创建圆角。

(2)选中"回路"选项，可选中一个回路，这个回路的整条边线都会创建圆角特征。

(3)选中"特征"选项，选择因某个特征与其他面相交所导致的边以外的所有边都会创建圆角。

这 3 种情况下创建的圆角特征对比，如图 3-20 所示。其他选项限于篇幅这里不再介绍。

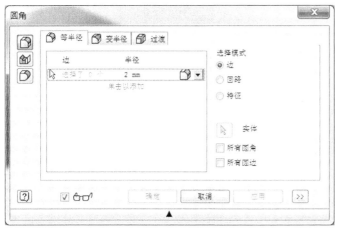

图 3-19　圆角特征对话框　　　　　　　图 3-20　三种模式圆角

2. 倒角

倒角可在零件和部件环境中使零件的边产生斜角。在 Inventor 提供了 3 种创建倒角的方式，即以单一距离创建倒角、用距离和角度创建倒角和用两个距离创建倒角。

(1)以单一距离创建倒角：创建时仅需选择用来创建倒角的边，以及指定倒角和距离即可。其中的"链选边"选项提供了"所有相切连接边"和"独立边"选项。前者一次可选所有相切边，而后者一次只能选一条边。

(2)用距离和角度创建倒角，需要指定倒角距离和倒角角度两个参数，选择该选项后，选择创建倒角的边，再选择一个表面，倒角所成的斜面与该面的夹角就是所指的倒角度数，在右侧的"距离"和"角度"文本框中输入数值，单击"确定"按钮完成倒角的创建。

(3)用两个距离创建倒角：需要指定两个倒角距离。选择该选项后，"倒角"对话框如图 3-21 所示。首先选定倒角边，然后分别指定两个倒角距离即可。

图 3-21　"倒角"对话框及倒角特征结果

3.3.2　零件抽壳

抽壳特征是通过一个平面去除零件内部的材料，创建一个特定厚度的空腔零件。

【操作方法】

(1)选择"抽壳"工具，打开如图 3-22 所示的"抽壳"对话框。

(2)选择"开口面"，指定要去除的零件面，只保留作为壁壳的面。按住 Ctrl 键可取消原来的选择。

(3) 指定壳体的厚度。选择抽壳方式有向内、向外和双向三种。

(4) 需要时可单击设置"特殊厚度"。

(5) 单击"确定"按钮完成抽壳，结果如图 3-23 所示。

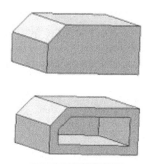

图 3-22　"抽壳"对话框　　　　　　　　　图 3-23　抽壳结果

3.3.3　打孔特征

利用"打孔"工具可在零件环境、部件环境和焊接环境中创建参数化直孔、沉头孔或倒角孔特征，在没有退化草图的情况下仍然可创建孔。方法是选择零件"特征"面板上的"打孔"工具，打开"孔"对话框如图 3-24 所示，该对话框由参数设置部分和预览窗口组成。创建孔需要设定的参数，按照顺序简要说明如下。

1）放置尺寸

从"放置"下拉框中有选择 4 种方式，即从草图、线性、同心和在点上。

(1) "从草图"方式：要求绘制一个孔的中心点或在几何图元上选择端点或中心点作为孔中心。

(2) "线性"方式：根据两条线性边在面上创建孔。

(3) "同心"方式：可在面上创建与环形边或圆柱面同心的孔。

(4) "在点上"方式：创建与工作点重合并根据轴、边或工作平面进行放置的孔。

2）孔的形状

孔的形状有 4 种，即直孔、沉头孔、锪平和倒角孔。

3）预览孔的形状

在孔的预览区域内可预览孔的形状。

4）孔底的形状

孔底的形状有两个选项：平底和底部角度，后者可设定角度的值。

5）终止方式

孔的终止方式可选择"距离"或"贯通"。

6）孔的类型

孔的类型有 4 种，即简单孔、配合孔、螺纹孔和锥螺纹孔。在"螺纹孔"中的"螺纹"选项框可指定螺纹类型。如果选中"配合孔"选项，创建与所选紧固件配合的孔，此时出现"紧固件"选项。可从"标准"下拉框中选择紧固件和配合的类型。图 3-25 为打有沉孔螺纹孔的预览及结果。

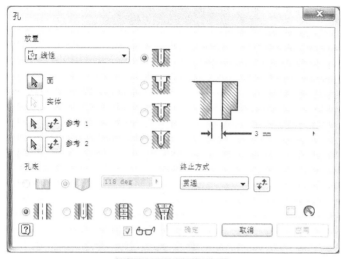

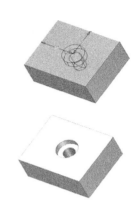

图 3-24　"孔"对话框　　　　　　　图 3-25　打有沉孔螺纹孔的预览及结果

3.3.4　拔模斜度

对零件进行拔模斜度操作，可选择面板上的"拔模斜度"工具 ⬚，打开"面拔模"对话框如图 3-26 所示。拔模方式有两种，即固定边方式和固定平面方式。

1. 固定边方式

对于固定边方式来说，在每个平面的一个或多个相切的连续固定边处，创建拔模，拔模结果是创建额外的面。创建的一般步骤如下。

(1)按照固定边方式创建拔模，先选择拔模方向，选择一条边，边的方向就是拔模的方向；选择一个面，面的垂线方向就是拔模方向，当光标位于边或面上时，可出现预览效果，如图 3-27(a)所示。

(2)在右侧的"拔模斜度"选项中输入要进行拔模的斜度，可以是正值或负值。

(3)选择要进行拔模的平面，可选择一个或多个拔模面。当光标位于某个符合要求的平面时，可出现预览效果。

(4)单击"确定"按钮即可完成拔模斜度特征的创建，如图 3-27(b)所示。

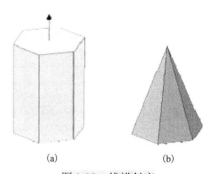

(a)　　　　　　　(b)

图 3-26　拔模斜度特征对话框　　　　　　图 3-27　拔模斜度

2. 固定平面方式

对于固定平面方式来说，需要先选择一个固定平面(也可是工作平面)，选择以后，开模方向就自动设定为垂直于所选平面；再选择拔模面，即根据确定的拔模斜度角来创建拔模斜度特征。

3.3.5 镜像特征

镜像特征是以等距离在平面的另一侧创建特征或实体的副本。要创建镜像特征，可选择零件"特征"面板上的"镜像"工具，打开"镜像"对话框。首先要选择的是，对各个特征进行镜像还是对整个实体镜像，两类操作的"镜像"对话框如图 3-28 所示。

1. 对特征进行镜像

(1)单击"镜像各个特征"按钮，选择要镜像的特征，如果所选特征带有从属特征，则它们也将被自动选中。

(2)选择镜像平面，直的零件边、平坦零件表面、工作平面或工作轴都可作为用于镜像所选特征的对称平面。

(3)单击"确定"按钮完成特征的创建，如图 3-29 所示。

图 3-28   "镜像"对话框

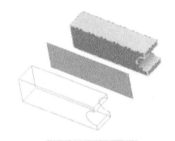

图 3-29   镜像结果

2. 对实体进行镜像

对实体进行镜像可用"镜像整个实体"选项，步骤如下。

(1)单击"镜像整个实体"按钮，选择要镜像的实体。

(2)单击"镜像平面"按钮，选择工作平面或平面，所选定位特征将穿过该平面作镜像。

(3)如果选择"删除原始特征"选项，则删除原始实体。

(4)"创建方法"选项框中的选项的含义与镜像特征中的对应选项相同。

(5)单击"确定"按钮完成特征的创建。

3.3.6 阵列特征

阵列特征是创建特征的多个副本，并且将这些副本在空间内按一定的准则排列。排列方式有线性排列和圆周排列，在 Inventor 中，前者称为矩形阵列，后者称为环形阵列。下面分别简要讲述。

1. 矩形阵列

矩形阵列是指按线性路径复制一个或多个特征的副本，线性路径可是直线、圆弧、样条曲线或修剪的椭圆。矩形阵列特征如图 3-30 所示。

创建矩形阵列特征的步骤如下。

(1)单击零件"特征"面板上的"矩形阵列"工具,打开图 3-31 所示的对话框。单击右下角 >> 按钮,可以打开含有"计算"和"方向"扩展对话框。

(2)选择阵列各个特征或阵列整个实体。

(3)选择阵列的两个方向,用"路径选择"工具选择线性路径以指定阵列的方向,路径可以是二维或三维直线、圆弧、样条曲线、修剪的椭圆或边,也可以是开放回路或闭合回路。单击"反向"按钮使阵列方向反向。

(4)指定副本的个数,以及副本之间的距离。副本之间的距离可用 3 种方法来定义,即间距、距离和曲线长度。其中,曲线长度在指定长度的曲线上平均排列特征的副本。

(5)在"计算"选项中:①选择"优化"选项,创建一个副本并重新生成面,而不是重生成特征;②选择"完全相同"选项,创建完全相同的特征,而不管终止方式;③选择"调整"选项,使特征在遇到面时终止。

(6)在"方向"选择框中,选择"完全相同"选项用第一个所选特征的放置方式放置所有特征,或选择"方向 1"或"方向 2"选项指定控制阵列特征旋转的路径。

(7)单击"确定"按钮完成特征的创建。

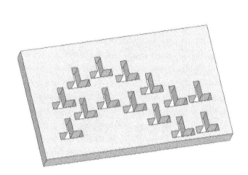

图 3-30 矩形阵列特征

图 3-31 "矩形阵列"对话框

2. 环形阵列

环形阵列是指复制一个或多个特征,然后在圆弧或圆中按照指定的数量和间距排列所得到的引用特征,如图 3-32 所示。

创建环形阵列特征的步骤如下。

(1)单击零件"特征"面板上的"环形阵列"工具,打开如图 3-32 所示的对话框。

(2)选择阵列各个特征或阵列整个实体。

(3)选择旋转轴,旋转轴可以是边线、工作轴及圆柱的中心线等。

(4)在"放置"选项中,指定引用的数目,引用之间的夹角。创建方法与矩形阵列中的对应选项的含义相同。

(5)单击"确定"按钮完成特征的创建,结果如图 3-33 所示。

图 3-32　"环形阵列"对话框

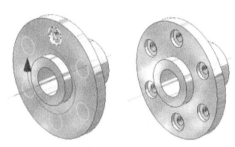

图 3-33　环形阵列特征

3.3.7　螺纹特征

在 Inventor 中,可使用"螺纹"工具在孔或诸如轴、螺栓等圆柱面上创建螺纹特征。Inventor 的螺纹特征实际上不是真实存在的螺纹,而是用贴图的方式实现的效果图。创建螺纹特征的步骤如下。

(1)选择零件"特征"面板上的"螺纹"工具,打开"螺纹"对话框。

(2)在该对话框的"位置"选项卡中,选择螺纹所在的平面,如图 3-34 所示。

(3)当选中"在模型上显示"复选项时,创建的螺纹可在模型上显示出来。

(4)在"螺纹长度"选项组中指定螺纹为全螺纹或相对于螺纹起始面的偏移值和螺纹的长度。

(5)在"定义"选项卡中,指定螺纹类型、尺寸、规格、系列和旋向,如图 3-35 所示。

图 3-34　"螺纹特征"对话框

图 3-35　"定义"选项卡

(6)单击"确定"按钮即可创建螺纹。螺纹特征效果如图 3-36 所示。

3.3.8　加强筋

为零件增加加强筋(肋板)可提高零件强度。在 Inventor 中,加强筋是非基于草图的特征,在草图中完成的工作就是绘制二者的截面轮廓,可创建一个封闭的截面轮廓作为加强筋的轮廓,也可创建一个开放的截面轮廓作为加强肋的轮廓。

加强筋的创建过程比较简单。创建加强筋的步骤如下。

（1）绘制如图 3-37（a）的草图轮廓。

（2）回到零件特征环境下，单击零件"特征"面板上的"加强筋"工具，打开"加强筋"对话框，如图 3-38 所示，草图中的截面轮廓被自动选中。

（3）指定筋的方向，指定筋的厚度和厚度方向。

（4）选择终止方式，其中"到表面或平面"选项将使筋终止于下一个面；在"有限的"选项需输入一个距离，预览如图 3-37（b）所示。

（5）单击"确定"按钮完成加强筋的创建结果如图 3-37（c）所示。

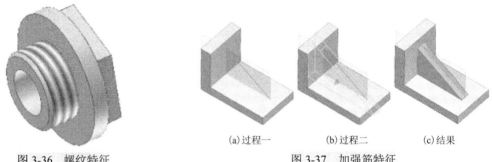

图 3-36　螺纹特征

(a)过程一　　　　(b)过程二　　　　(c)结果

图 3-37　加强筋特征

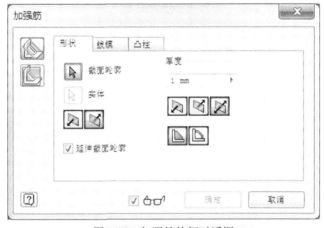

图 3-38　加强筋特征对话框

3.3.9　分割零件

在 Inventor 中，分割零件功能可将一个零件整体分割为两部分，任何一部分都可称为独立的零件。

分割零件的步骤如下。

（1）选择零件"特征"面板上的"分割"工具，打开如图 3-39 所示的"分割"对话框，分割方式有零件分割和面分割两种：零件分割用来分割零件实体；面分割用来分割面。

（2）要分割零件首先选择"分割工具"，分割工具可以是工作平面或在工作平面或零件面上绘制的分断线，分断线可以是直线、圆弧或样条曲线，也可以将曲面体作分割工具。

（3）单击"分割工具"按钮，在"删除"选项中确定要去除分割产生部分的那一侧。

（4）单击"确定"按钮完成分割，结果如图 3-40 所示。

图 3-39　"分割"对话框

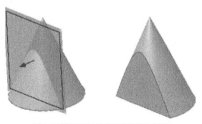

图 3-40　分割预览及结果

特别提示：

　　用户可利用"分割"工具将零件分割成两个零件，并分别使用唯一的名称保存。首先将零件进行分割，去除分割后的一部分，然后在"文件"菜单中使用"保存副本为"选项将零件与分断线一起保存。重新打开源文件，使用"分割"工具分割零件，并去除分割部分的一半，使用"保存副本为"选项保存零件的剩余一半。这样，分割出的两个部分就保存在不同的文件中。

　　如果要分割表面，可以在图 3-39 所示的"分割"对话框中单击"面"按钮来分割面，选择事先创建的分断线，再选择要分割的表面，最后单击"确定"按钮完成面分割。

3.4　复杂特征的创建

3.4.1　放样特征

　　放样特征是通过光滑过渡两个或多个工作平面或平面上的截面轮廓形状而创建的。它常用来创建一些具有复杂形状的零件。

　　要创建放样特征，首先选择零件"特征"面板上的"放样"工具，打开"放样"对话框如图 3-41 所示。下面对创建放样特征的各个关键要素简要说明。

1. 截面形状

　　截面形状是在草图上创建的，在放样特征的创建过程中，首先创建大量的工作平面以在对应的位置创建草图，再在草图上绘制放样截面形状，如图 3-42 所示。

图 3-41　"放样"对话框

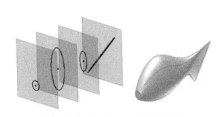

图 3-42　放样截面形状及结果

2．轨道

轨道是在截面之上或之外终止的二维或三维直线、圆弧或样条曲线，轨道必须与每个截面都相交，并且都应该是平滑的，在方向上没有突变。

3．输出类型和布尔操作

通过"输出"选项上的"实体"按钮和"曲面"按钮可选择放样的输出是实体还是曲面，还可利用放样来实现 3 种布尔操作，即添加、切削和求交。

4．条件

"条件"选项用来指定终止截面轮廓的边界条件，以控制放样体末端的形状。可对每一个草图几何图元分别设置边界。

5．过渡

"过渡"特征定义一个截面的各段如何映射到其前后截面的各段中，默认选项是自动映射的。

当所有需要的参数设置完毕后(在默认情况下，依次选择各基准平面上的截面草图轮廓)，单击"确定"按钮即可完成放样特征的创建。

3.4.2　扫掠特征

"扫掠"工具用来完成如弯管、把手、衬垫凹槽等的设计，它通过沿一条平面路径移动草图截面轮廓来创建一个特征。如果截面轮廓是曲线，则创建曲面；如果是闭合曲线，则创建实体。

1．操作说明

创建扫掠特征最重要的两个要素是截面轮廓和扫掠路径。通常分别在两个相交的基准平面上创建。

(1)截面轮廓一般是闭合的曲线，截面轮廓可嵌套，但不能相交。

(2)扫掠路径可以是开放的曲线或闭合的回路，截面轮廓在扫掠路径的所有位置都与扫掠路径保持垂直，扫掠路径的起点必须放置在截面轮廓和扫掠路径所在平面的相交处。扫掠路径草图必须在与扫掠截面轮廓平面相交的平面上。

2．操作步骤

(1)创建截面轮廓和扫掠路径后，先在某基准面上绘制一条曲线作为扫掠路径，然后退出草图状态，利用创建工作面工具，选择扫掠路径曲线及其一端创建出垂直工作平面，在该工作平面上创建出用于扫掠的截面轮廓。选择零件"特征"面板上的"扫掠"工具，打开"扫掠"对话框如图 3-43 所示。

图 3-43　"扫掠"对话框

(2)选择截面轮廓，再选择扫掠路径。在"输出"选项组中确定输出是实体还是曲面。在右侧的"布尔操作"选项中选择"添加"、"切削"或"求交"。

(3)在"扩张角"选项卡可设置扫掠斜角。角度可正可负，正的扩张角使扫掠特征沿离开起点方向的截面面积增大，负的扩张角使扫掠特征沿离开起点方向的截面面积减小。图 3-44 所示的变径弯管就是利用"扫掠"工具生成的，扩张角为 5°。

(4) 选择"扭曲角"选项，可以使截面扭转一定角度。

(5) 所有需要的参数设置完毕后，单击"确定"按钮即可完成扫掠特征的创建。

3. 应用示例

应用扫掠特征创建如图 3-45 所示的模型。

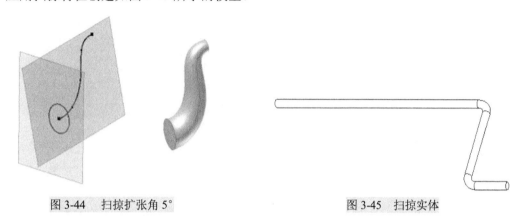

图 3-44　扫掠扩张角 5°　　　　　　　　　　图 3-45　扫掠实体

【操作方法】

(1) 绘制轨迹。选择一个坐标面为工作面，进入草图环境中，分别单击"直线""圆角"命令，绘出如图 3-46 所示草图。

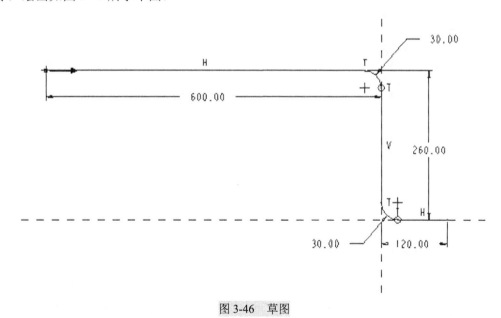

图 3-46　草图

(2) 绘制截面。选择另一个与草图工作面垂直的平面为工作面，绘制直径为 20 的圆，单击完成草图。

(3) 完成扫掠实体。在主菜单栏中单击"扫掠"工具，分别选择所绘轨迹线和截面，单击"扫掠"对话框中的"确定"按钮完成特征的创建。

3.4.3　螺旋扫掠特征

螺旋扫掠特征是扫掠特征的一个特例，它的作用是创建扫掠路径为螺旋线的三维实体特征，如弹簧、发条以及圆柱体上真实的螺纹特征等，如图 3-47 所示。

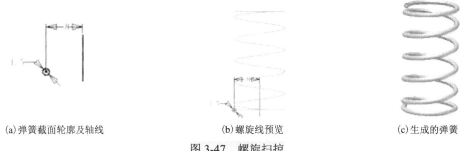

(a)弹簧截面轮廓及轴线　　　　　　(b)螺旋线预览　　　　　　(c)生成的弹簧

图 3-47　螺旋扫掠

创建螺旋扫掠特征的基本步骤如下。

(1)选择零件"特征"面板上的"螺旋扫掠"工具，打开"螺旋扫掠"对话框，如图 3-48 所示。

(2)选择截面轮廓和旋转轴。截面轮廓为一个封闭的曲线，旋转轴是一条直线，它不能与截面轮廓曲线相交，且在同一个平面内，如图 3-47(b)所示。

(3)在"螺旋方向"选项中，指定螺旋扫掠是按顺时针方向还是按逆时针方向旋转。

(4)如果要设置螺旋的尺寸，可打开"螺旋规格"选项卡，如图 3-49 所示。设置一种螺旋类型后，在参数文本框中输入参数即可。

图 3-48　"螺旋扫掠"对话框　　　　　　图 3-49　"螺旋规格"选项卡

(5)如果要设置螺旋端部的特征，可打开"螺旋端部"选项卡，如图 3-50 所示。指定螺旋扫掠的两端为"自然"或"平底"样式，开始端和终止端可以是不同的终止类型。如果选择"平底"选项则指定具体的过渡段包角和平底段包角。

(6)各参数指定后，出现如图 3-47(b)所示的预览，单击"确定"按钮创建螺旋扫掠特征。

图 3-50　"螺旋端部"选项卡

3.4.4　加厚偏移特征

如果要添加或去除零件厚度，可选择零件"特征"面板上的"加厚/偏移"工具，打开如图 3-51 所示的对话框。加厚偏移特征的步骤如下。

(1) 选择进行加厚或偏移操作的面。

(2) 指定加厚平面较原来平面偏移的距离。

(3) 输出(布尔操作)和设置方向。利用加厚/偏移操作提供布尔工具，可使加厚或偏移的实体或曲面与其他实体或曲面之间产生添加、求交、切削关系。利用"方向"按钮将厚度或偏移特征沿一个方向延伸或在两个方向上同等延伸。

(4) 在"更多"选项卡中根据需要选择"自动链选面"或"创建竖直曲面"选项。

(5) 指定必要的参数以后，单击"确定"按钮创建特征。加厚效果如图 3-52 所示。

图 3-51　"加厚/偏移"对话框

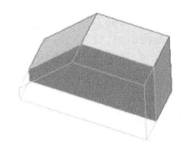

图 3-52　加厚效果

3.4.5　凸雕特征

在零件平面或圆柱面上增添一些凸起或凹进的图案或文字，可利用"凸雕"工具来实现。进行凸雕操作的基本思路是，首先在草图上绘制用来形成特征的草图几何图元或文本，然后通过在指定的面上生成特征，或将特征以缠绕或投影到其他面上。单击"凸雕"工具，打开如图 3-53 所示的对话框。各个参数说明如下。

(1)截面轮廓：对于平面可直接在该平面上创建草图绘制截面轮廓或在对应的位置为圆柱面建立工作平面，建立文字或草图。如图 3-54 所示的草图平面及草图。

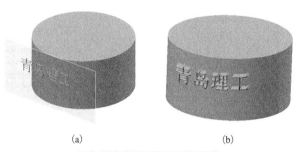

(a)　　　　　　　　　　(b)

图 3-53　"凸雕：凸雕 1"对话框　　　　　图 3-54　凸雕的草图及结果

(2)在"类型"选项指定"从面凸雕"、"从面凹雕"或"从平面凸雕/凹雕"，这里选择"从面凹雕"。

(3)确定凸雕或凹雕的深度，即凸雕或凹雕截面轮廓的偏移深度和方向，这里选择 2。

(4)单击"顶面颜色"按钮指定凸雕区域面(注意不是其边)上的颜色。

(5)选中"折叠到面"复选项指定截面轮廓缠绕在曲面上。注意仅限于单个面。

(6)单击"确定"按钮即可完成凸雕特征创建。

3.4.6　编辑特征

要编辑基于草图创建的特征，可编辑退化的草图以更新特征，具体方法如下。

(1)在浏览器中，找到需要修改的特征。在该特征上右击，从右键菜单中选择"编辑草图"选项。或右击该特征的退化的草图标志，在右键菜单中选择"编辑草图"选项，此时该特征将被暂时隐藏，同时显示其草图。

(2)进入草图环境后，用户可利用"二维草图"面板中的工具对草图进行修改。如要添加新尺寸，可单击"通用尺寸"工具，然后选择几何图元并放置尺寸。

(3)在草图修改完毕以后，右击绘图区，在右键菜单中选择"退出草图"选项返回到零件特征模式，此时特征会自动更新。

3.4.7　直接修改特征

对于所有的特征都可直接修改。在图形或浏览器中右击要编辑的特征，并从右键菜单中选择"编辑特征"选项，将显示草图(如果适用)和特征对话框。根据需要修改特征的具体参数。修改后一般特征会自动更新，如果没有自动更新可单击标准工具栏上的"更新"按钮更新特征。

3.4.8　综合应用

制作图 3-55 所示的壳体模型。

【操作方法】

(1)在默认的草图平面上绘出半圆形轮廓，如图 3-56 所示。

(2)选择 25mm 深度拉伸出半圆柱结构，如图 3-57 所示。

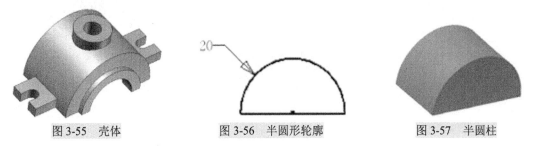

图 3-55　壳体　　　　　　　　图 3-56　半圆形轮廓　　　　　　　图 3-57　半圆柱

(3)以半圆柱底平面为草图平面绘出底板草图轮廓，如图 3-58 所示。

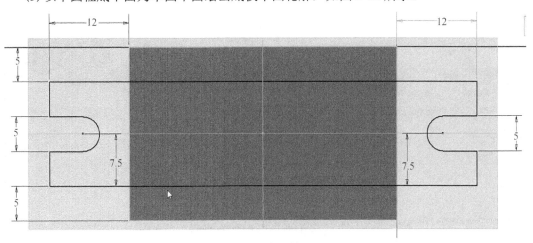

图 3-58　底板草图轮廓

(4)以深度 5mm 拉伸该草图轮廓形成底板，如图 3-59 所示。

(5)在底板平面上再绘制创建圆管结构所需的草图，如图 3-60 所示。

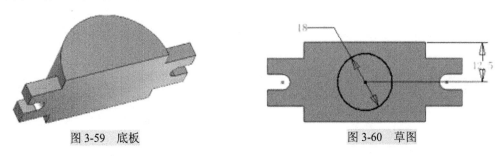

图 3-59　底板　　　　　　　　　　　　图 3-60　草图

(6)以深度 25mm 拉伸该圆形成圆管外形，如图 3-61 所示。

(7)利用抽壳特征，选取 5mm 厚度，选底面和圆柱顶面为开口面创建壳体结构板结构，如图 3-62 所示。

(8)以壳体一侧平面为基准平面创建直径为 15mm 的草图圆，如图 3-63 所示。

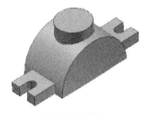

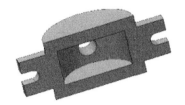

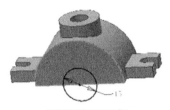

图 3-61　圆管　　　　　　　　　图 3-62　壳体　　　　　　　　　图 3-63　草图圆

(9)利用拉伸特征，选取切削方式，选取 25mm 深度，切出贯通的半圆开口，如图 3-64 所示。

(10)以壳体一侧平面为基准平面创建凸起结构的草图，如图 3-65 所示。

(11)完成立体建模，如图 3-66 所示。

图 3-64　半圆开口　　　　　　图 3-65　凸起结构的草图　　　　图 3-66　立体建模

3.5　上 机 指 导

制作图 3-67 所示的支座模型。

【操作方法】(以下创建方案不一定是最优的，读者可再自行思考)

(1)在默认的草图平面上绘出底板截面轮廓，如图 3-68 所示。

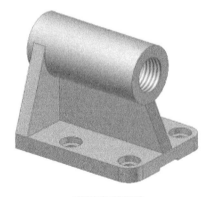

图 3-67　支座

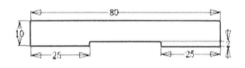

图 3-68　草图 1

(2)选择 100mm 深度拉伸出底板结构，如图 3-69 所示。

(3)用"从平行面偏移"方式选择-40mm 的偏移值，建立对称基准平面 1，如图 3-70 所示。

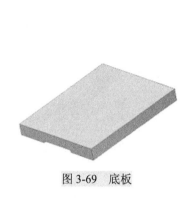

图 3-69　底板

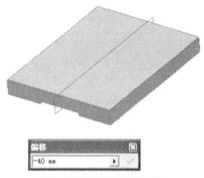

图 3-70　增加基准平面 1

(4) 在对称基准平面 1 上创建圆管结构草图轮廓及旋转轴，如图 3-71 所示。

(5) 利用旋转特征，选取草图轮廓及旋转轴创建圆管结构，如图 3-72 所示。

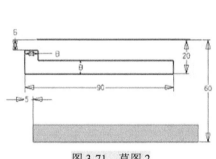

图 3-71　草图 2

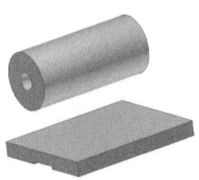

图 3-72　圆管

(6) 选取底板端面为草图基准面绘出垂直立板的草图轮廓，如图 3-73 所示。

(7) 利用拉伸特征，选取草图轮廓及深度 10mm 创建立板结构，如图 3-74 所示。

(8) 选取对称基准平面 1 创建肋板草图，如图 3-75 所示。

图 3-73　草图 3

图 3-74　立板

图 3-75　选取对称基准平面

(9) 利用加强筋特征，选取轮廓线及合适方向，设定厚度为 10mm 创建肋板结构，如图 3-76 所示。

(10) 设置半径为 20mm 对底板进行倒圆角，如图 3-77 所示。

(11) 选取底板上表面为草图平面创建两个孔心位置点，如图 3-78 所示。

图 3-76　肋板　　　　　图 3-77　底板倒圆角　　　　　图 3-78　草图 4

(12)用打孔特征，选取底板上两个孔心位置点。选择"沉头孔"形状和"贯通"终止方式，设定沉孔直径为 16mm、孔径为 8mm 及沉孔深度为 4mm，创建两个沉头孔，如图 3-79 所示。

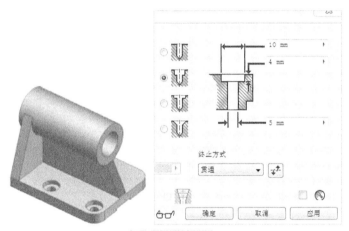

图 3-79　沉头孔

(13)选取底板对称基准平面 1 和已创建的两个沉头孔，镜像出另一侧两个沉头孔，如图 3-80 所示。

(14)选取圆管打孔，选 ISO 公制标准，设定长度为 20mm，创建 M24 的内螺纹，完成支座的创建，如图 3-81 所示。

图 3-80　镜像沉头孔　　　　　　　图 3-81　创建内螺纹

3.6　操 作 练 习

(1)截止阀各个零件如图 3-82～图 3-88 所示。

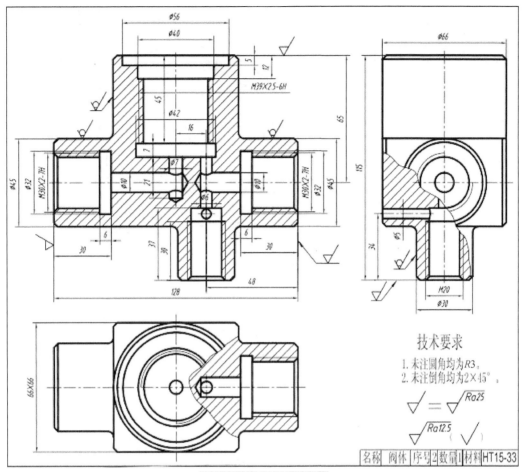

图 3-82　截止阀——阀体

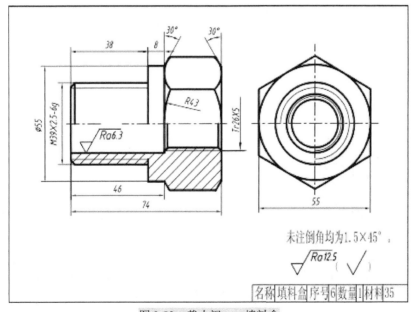

图 3-83　截止阀——填料盒

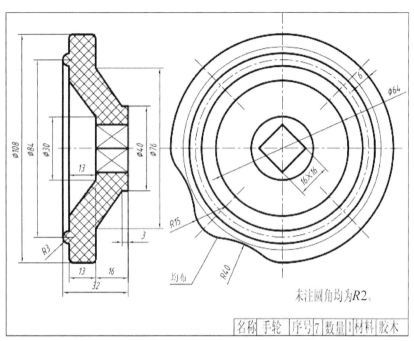

图 3-84　截止阀——手轮

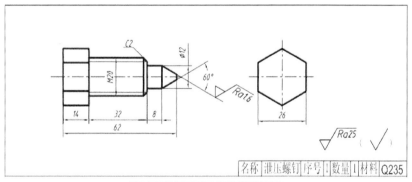

图 3-85　截止阀——泄压螺钉

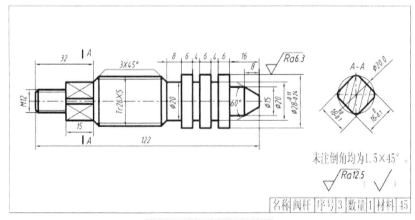

图 3-86　截止阀——阀杆

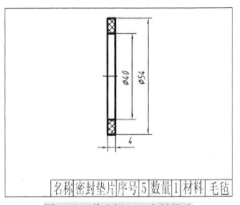

名称	密封垫片	序号	5	数量	1	材料	毛毡

图 3-87　截止阀——密封垫片

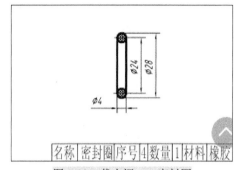

名称	密封圈	序号	4	数量	1	材料	橡胶

图 3-88　截止阀——密封圈

(2)换向阀各个零件如图 3-89～图 3-96 所示。

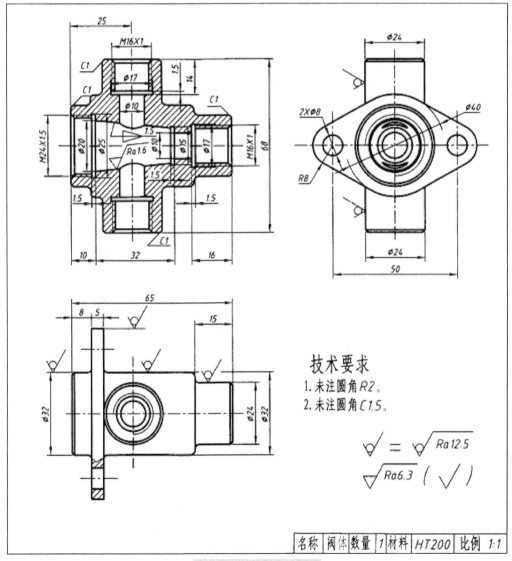

技术要求

1. 未注圆角 R2。
2. 未注圆角 C1.5。

名称	阀体	数量	1	材料	HT200	比例	1:1

图 3-89　换向阀——阀体

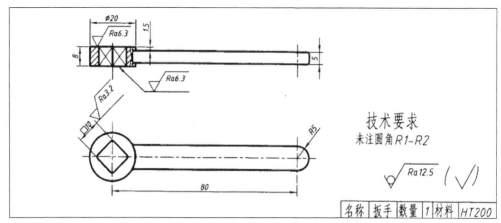

图 3-90　换向阀——扳手

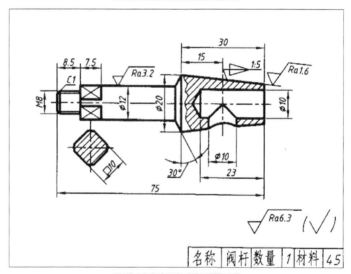

图 3-91　换向阀——阀杆

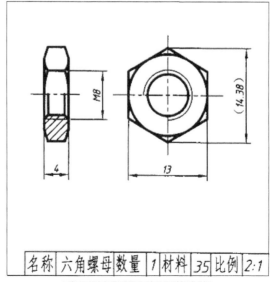

图 3-92　换向阀——六角螺母

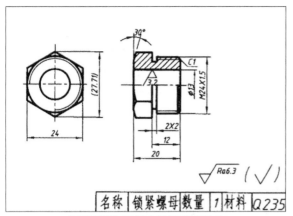

图 3-93　换向阀——锁紧螺母

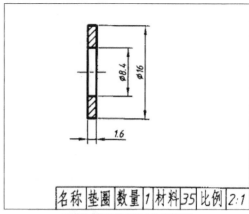

图 3-94　换向阀——垫圈

(3)定滑轮各个零件如图 3-95～图 3-100 所示。

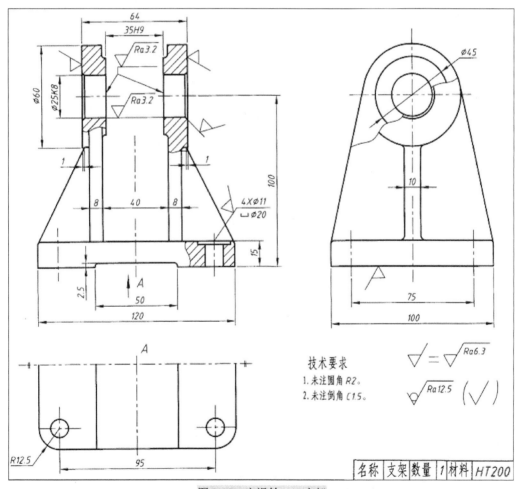

图 3-95　定滑轮——支架

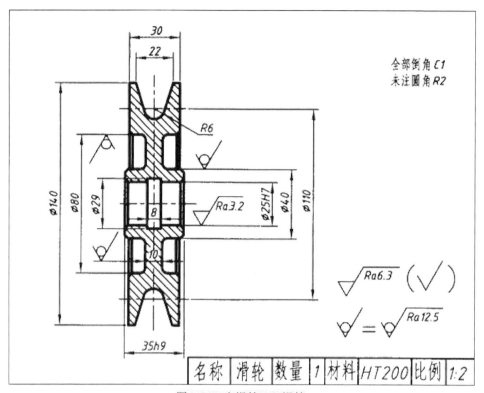

图 3-96　定滑轮——滑轮

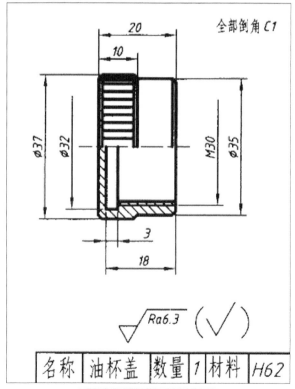

图 3-97　定滑轮——油杯盖

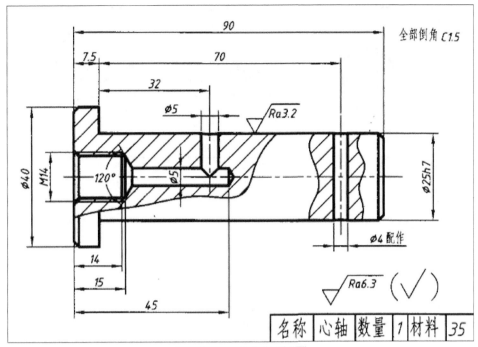

图 3-98 定滑轮——心轴

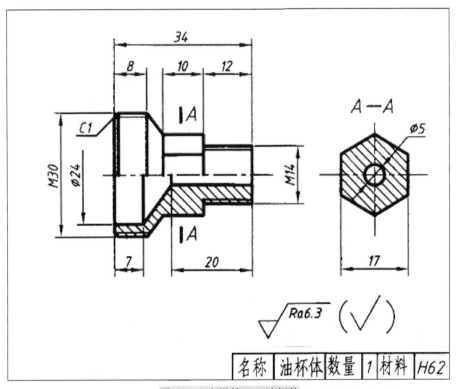

图 3-99 定滑轮——油杯体

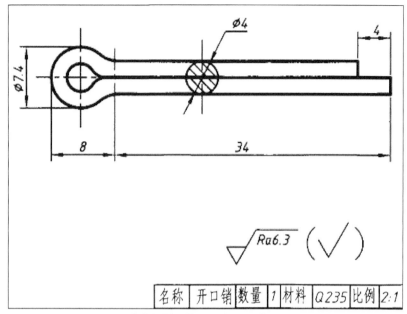

图 3-100 定滑轮——开口销

(4)泵体柱塞组件各个零件如图 3-101～图 3-108 所示。

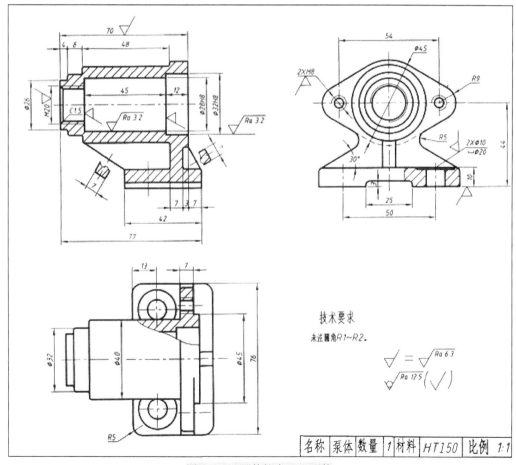

图 3-101 泵体柱塞——泵体

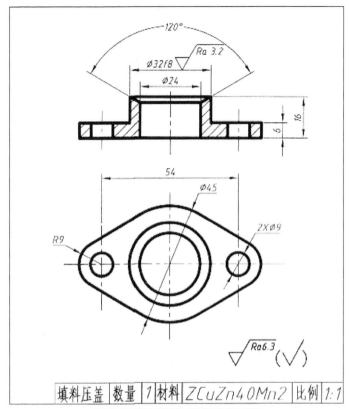

图 3-102　泵体柱塞——填料压盖

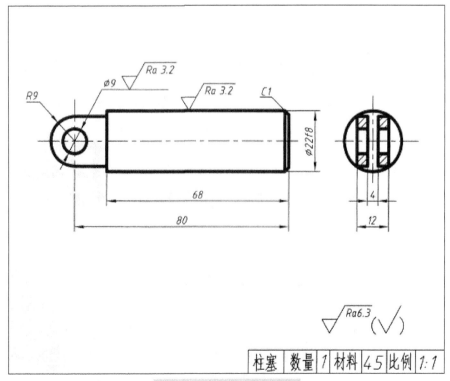

图 3-103　泵体柱塞——柱塞

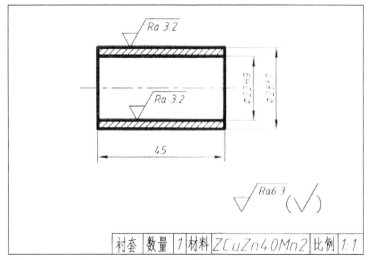

图 3-104　泵体柱塞——衬套

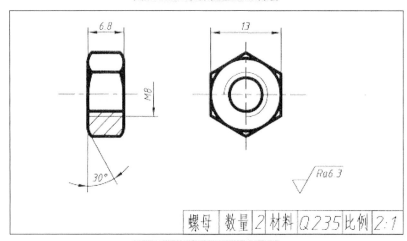

图 3-105　泵体柱塞——螺母

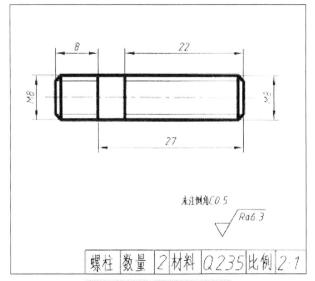

图 3-106　泵体柱塞——螺柱

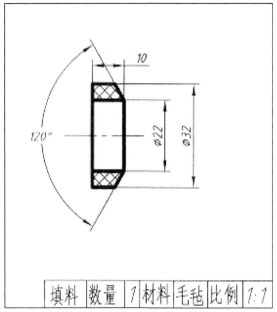

| 填料 | 数量 | 1 | 材料 | 毛毡 | 比例 | 1:1 |

图 3-107　泵体柱塞——填料

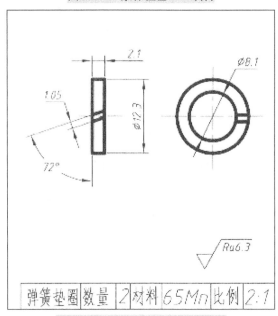

| 弹簧垫圈 | 数量 | 2 | 材料 | 65Mn | 比例 | 2:1 |

图 3-108　泵体柱塞——弹簧垫圈

第4章 部件装配

教学目标

　　本章主要介绍使用装配模块将多个零件进行组装配合，以及装配过程中根据不同情况添加不同类型约束和装配的修改。

教学内容

- 装配模型
- 装配约束
- 装配修改

　　建立零件之后，使用装配模块可以将多个零件进行组装配合，从而生成复杂的部件、组件。在装配模块中，可检验零件设计是否合理，零件之间是否发生干涉，还可生成爆炸图，将装配体各零部件间的相对位置以分解状态显示。

4.1　装　配　环　境

　　打开"新建"对话框，选择"部件"类型 　，单击"创建"按钮，进入零件装配环境。装配模式下的工作界面与零件模式下的工作界面不同，如图 4-1 所示。单击"放置"按钮 　，将元件添加到组件或将小组件添加到大组件中。

图 4-1　装配环境界面

需要说明的是，在装配模型创建过程中，调入要装配的主体零件到设计窗口中，进行约束；然后用同样的方法调入要装配的另一个零件到设计窗口中，根据装配体的要求定义两个零件之间的装配关系；再次调入要装配的零件进行约束，直到全部装配完成。

4.2　装配约束的类型

在实际装配过程中，零件是通过一定设计关系组装在一起的。在 Inventor 中，零件的装配是通过定义零件模型之间的装配约束来实现的。

系统提供了 9 种类型的装配约束，即"自动""配合""表面平齐""定向""外切""内切""相对""对齐""UCS 到 UCS"，单击"关系"中的"装配"选项，出现如图 4-2 所示 9 种位置约束。放置约束 5 种，"配合""角度""相切""插入""对称"，单击"约束"选项，弹出"放置约束"对话框，如图 4-3 所示。

图 4-2　装配约束

图 4-3　"放置约束"对话框

4.2.1　装配位置约束

部件位置约束有多种类型，下面详细介绍这些位置约束的使用情况和操作要点。

(1)"自动"：拾取可装配的零件要素，移动光标到另一个零件的可装配要素上，Inventor 将感应并推测可能的装配约束；松开鼠标，添加这个约束。

(2)"配合"："配合"约束用于两平面平行，但正法线方向相反。选取该约束后接着选取两个平面即可完成，可通过单击"反向"按钮来令匹配的表面反向；可结合"偏移"选项设置两平面是重合还是有一定间距。若两平面有间距，则输入正数值表示偏移的方向与指示的方向相同，输入负数值表示偏移的方向与指示的方向相反。

(3)"表面平齐"："表面平齐"约束用于两个对象互相对齐。选择的对象可以是平面、轴线或点，但组件和元件中选择的约束对象要求统一，即面与面、线与线、点与点对齐。使用"表面平齐"约束时可以指定对齐的偏移距离。

(4)"定向"："定向"约束用于两个对象表面或交线保持一定角度。

(5)"外切"："外切"约束用于两个面(至少包含一个曲面)以相切方式进行装配，两个对象表面相切且呈现外切的状态。选取该约束后，分别选取要进行装配的两个面。

(6)"内切"："内切"约束用于两个面(至少包含一个曲面)以相切方式进行装配。

该约束使两个对象表面相切，且呈现内切的状态。选取该约束后，分别选取要进行装配的两个面。

（7）"相对" ⊕ ："相对"约束用于轴与孔之间的装配，使两者共轴线。选取该约束后，接着选取其中一个零件的端面和另一个零件的端面，系统就会自动将轴装配入孔中，且端面方向相对接触。

（8）"对齐" ⊕ ："对齐"约束用于轴与孔之间的装配，使两者共轴线。选取该约束后，接着选取其中一个零件的端面和另一个零件的端面，系统就会自动将轴装配入孔中，且端面方向表面平齐。

（9）"UCS 到 UCS" ⊥ ："UCS 到 UCS"约束用于组件和元件中的坐标系重合，也就是相对应的坐标轴和原点分别重合在一起。选取该约束后，再分别选取组件和元件上的坐标系，系统就会自动将选取的坐标系进行重合布置。

4.2.2　放置约束

装配有多种放置约束，下面详细介绍。

（1）"配合" ⊡ ：

① 可使两个零件的面贴合、平齐或按指定距离平行；

② 可使一个零件的线在另一个零件的面上；

③ 可使一个零件的点在另一个零件的线或面上；

④ 可使两个零件的线平行或重合；

⑤ 可使两个零件的点重合。

（2）"角度" ◢ ：

① 可使两个零件的平面成指定夹角；

② 可使一个零件的线与另一个零件的面的法线成一定夹角；

③ 可使两个零件的线成指定夹角。

（3）"相切" ◖ ：

① 可使两个零件的曲面(柱面、球面、锥面)相切；

② 可使一个零件的平面与另一零件的曲面相切。

（4）"插入" ⬛ ：可使两个零件面面重合与轴对齐的组合。

（5）"对称" ◮ ：可使两个零件相对于所选定的对称轴对称的装配组合。

（6）"运动"约束：用来描述齿轮、齿条的运动，但并不需要有"齿"，运动分为转动和平动，转动方向有同向和反向，如图 4-4 所示。要使装配按其运动，必须有前面五种约束的支持。

（7）"过渡"约束：约束各种凸轮和从动件这种类型的装配关系，如图 4-5 所示。要使装配按其运动，必须有前面五种约束的支持。

（8）"约束集合"约束：选取该约束后，再分

图4-4　"运动"选项卡

别选取组件和元件上的坐标系,系统就会自动将选取的坐标系进行重合布置,如图 4-6 所示。

图 4-5 "过渡"选项卡

图 4-6 "约束集合"选项卡

4.2.3 驱动约束

对带有参数的约束进行驱动,在装配关系正确的条件下,模拟整个机构的运动。

在浏览器中,选择带有参数的驱动,在右键菜单中选择"驱动约束"选项,如图 4-7 和图 4-8 所示。

图 4-7 浏览器中的右键菜单

图 4-8 "驱动约束"对话框

4.2.4 综合应用

例 4-1 应用配合约束,完成如图 4-9 所示的装配。

【操作方法】

(1)单击工具面板上的"约束"按钮,在弹出的"放置约束"对话框中选择"部件"选项卡中的配合约束,选择"合页 1"轴的侧面与"合页 2"轴的侧面,如图 4-10 所示。然后单击"确定"按钮。这样合页的轴就能绕自身轴线旋转,而其余自由度均为限定,满足了两个合页转动的装配要求。

图 4-9 合页(配合约束)

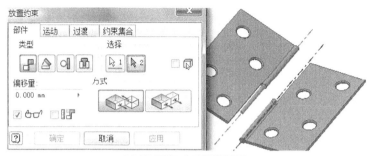

图 4-10　配合约束应用 1

(2)单击工具面板上的"约束"按钮,在打开的"放置约束"对话框中选择"部件"选项卡中的配合约束,并选择"配合"方式。然后分别选择"合页 1"与"合页 2"在装配后相互接触的端面,如图 4-11 所示。单击"确定"按钮完成约束。

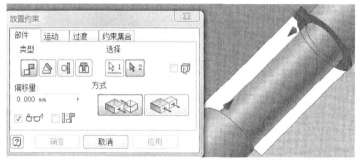

图 4-11　配合约束应用 2

至此,部件"合页"中的各零件均已满足装配要求,如图 4-12 所示。完成装配,可用鼠标拖动"合页 2"转动,观察其开合。

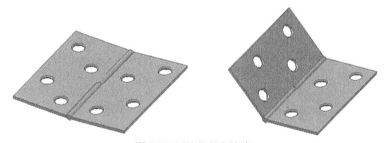

图 4-12　完成配合约束

例 4-2　应用角度约束,将如图 4-13 所示合页部件中的"合页 1"与"合页 2"的夹角设为 90°,即将合页打开。

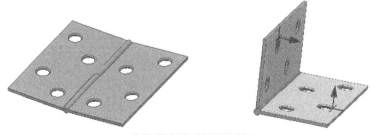

图 4-13　角度约束应用

【操作方法】

(1)在刚才配合约束的基础上，打开"放置约束"对话框，选择角度约束中的"定向角度"方式。

(2)分别选择"合页 1"和"合页 2"上的两个面，设置角度为 90°，单击"确定"按钮完成约束。

例 4-3　应用相切约束，完成如图 4-14 所示的装配。

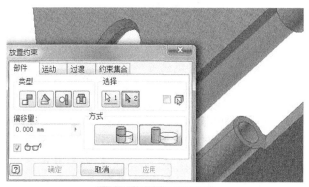

图 4-14　相切约束应用

【操作方法】

(1)单击工具面板上的"约束"按钮，在图 4-14"放置约束"中选择相切约束中的"内边框"方式。

(2)分别选择"合页 1"的内圆柱面和"合页 2"的外圆柱面，如图 4-14 所示。且"合页 1"与"合页 2"之间再添加例 4-1 中步骤(2)，使相互接触的面配合。这样，"合页 2"仅能绕轴线运动，完成装配。

例 4-4　应用插入约束，完成图 4-15 所示合页的装配。

【操作方法】

(1)单击工具面板上的"约束"按钮，选择插入约束下的"反向"方式。这种方式实际上是"面对面"配合约束与轴线重合约束的组合，因此，选择特征时，除了正确选择轴线外，还应当注意选择时光标箭头处与轴线相垂直的圆，这一个圆所在的平面将是建立"面对面"配合关系的平面。

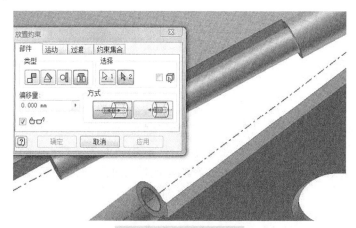

图 4-15　插入约束的应用

(2)选择"合页1"圆柱面和内孔的交线处与"合页2"圆柱面和轴的交线处，如图 4-15 所示。然后单击"确定"按钮，完成装配。

4.3　编辑零部件

零件装配时，如果位置不方便组装，可以用"自由移动"和"自由旋转"命令来移动零部件和旋转零部件，使其调整到合适的位置。用可以对零件进行编辑。

(1)移动零部件：对选定的零件进行空间移动，对固定零件不起作用。

① 在工具面板中单击"自由移动"按钮 ✛ 可调用此命令。

② 移动零件后，若与零件上的约束相矛盾，单击标准工具栏中"撤销"按钮 ↶ ，将恢复到之前状态。

(2)旋转零部件：对选定的零件以零件的原始坐标原点进行旋转，对固定零件不起作用。

① 在工具面板中单击"自由旋转"按钮 ⌐ 调用此命令。

② 旋转零件后，若与零件上的约束相矛盾，单击标准工具栏中"撤销"按钮 ↶ ，将恢复到之前状态。

(3)阵列零部件：为了简化多个重复规则的装配，可以使用零部件阵列来完成。

在工具面板中单击"阵列"按钮 ⿴ 调用此命令。

阵列零部件的三种方式，即关联、矩形阵列、环形阵列，如图 4-16～图 4-18 所示。

图 4-16　关联

图 4-17　矩形阵列

图 4-18　环形阵列

(4)镜像零部件：使用此功能完成零件或子装配的面对称结果，镜像完成后，需给镜像得到的零部件添加约束。

在工具面板中单击"镜像"按钮 ⿲ 调用此命令。

镜像零件的三种状态：创建当前装配模型中的新的镜像零部件(产生新的零部件)，重用原来的零部件(不产生新的零部件)，镜像结果不包括这个零件。如图 4-19 所示镜像对话框。

(5)复制零部件：

① 复制选定的零部件调入装配中。

② 在"阵列"工具面板中单击"复制"按钮 调用此命令。

复制零件的三种状态：产生选定零部件的副本文件，重用原来的零部件(不产生新的零部件)，复制结果不包括这个零件。如图 4-20 复制对话框。

图 4-19　镜像对话框

图 4-20　复制对话框

(6)抑制零部件：将零部件抑制后，在模型中该零件消失，并从内存中删除；取消抑制后，该零件又被添加到内存里。

在浏览器中选择零件并右击鼠标，在右键菜单中选择"抑制"选项，如图 4-21 和图 4-22 所示。

(7)固定零部件：零部件被固定后，将不具有自由度。

在浏览器中选择零件并右击鼠标，在右键菜单中选择"固定"选项，调入的第一个零部件，默认被定义成固定状态，如图 4-23 和图 4-24 所示。

(8)可见性：在浏览器中选择零件并右击鼠标，在右键菜单中选择"可见性"选项可以看见零件；选择"不可见"选项，零件只是不可见，但仍然在内存中，如图 4-25 和图 4-26 所示。

图 4-21　选择"抑制"选项

图 4-22　显示"抑制"

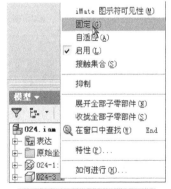

图 4-23　选择"固定"选项

图 4-24　导航器显示

图 4-25　选择"可见性"

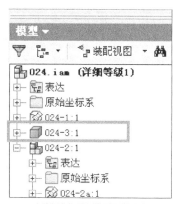

图 4-26　浏览器显示

4.4　资　源　中　心

　　在安装时选择"桌面资源中心"选项，则资源中心库安装到指定的文件夹。安装完成后，设置为桌面资源中心环境，并且资源中心可以使用。如果在安装时选择"Vault 服务器"选项，则资源中心库不会安装在用户的计算机上。用户必须在服务器上安装资源中心库，要登录服务器才能使用资源中心。

　　(1)保存位置。在某个项目下，当标准件被调用后，有特定的位置存放标准件。用户也可以自行修改存放的位置，单击"工具"工具面板中的"应用程序选项"按钮，选择"文件"选项卡，如图 4-27 所示。

图 4-27　应用程序选项

　　(2)特征库调用。在零件环境下只能调用特征库，特征库有公制和英制两种。在工具面板中单击"管理"→"特征"按钮 🖨，打开如图 4-28 所示窗口。

图 4-28 从资源中心放置特征

(3) 标准件调用。在装配环境下可以调用螺钉、螺母、型材等各种标准件。在工具面板中单击"放置"→"从资源中心装入"按钮 ，如图 4-29 所示。

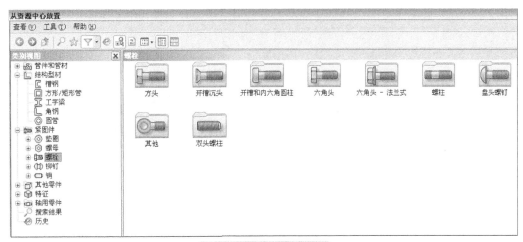

图 4-29 从资源中心装入

4.5 装 配 修 改

Inventor 2015 是建立在单一数据库之上的，零件与装配件相关联，零件的修改将会引起装配件的更改，而装配件的修改也会导致零件的修改。

4.5.1 在零件环境中修改

在装配环境的模型树中右击要修改的零件，或者在设计窗口中右击要修改的零件，在右键菜单中选择"打开"选项，系统将进入零件设计模式，并打开用户选中的零件。此时，用户可对零件进行修改。

修改完成后，在主菜单栏中选择"编辑"→"保存"选项，即可再生零件模型。在主菜单栏的"窗口"菜单中选择装配文件名，激活装配文件窗口，返回到原来的装配环境。

4.5.2　在装配环境中修改

在装配环境的模型树中右击要修改的零件，或者在设计窗口中右击要修改的零件，在右键菜单中选择"激活"选项，激活零件并进行修改。

修改完成后，在主菜单栏中选择"编辑"→"再生"选项，即可再生零件模型。

4.5.3　综合应用

例 4-5　完成如图 4-30 所示支架装配模型的创建，该模型主要包括底板(图 4-31)、立板(图 4-32)、上板(图 4-33)、轴(图 4-34)。

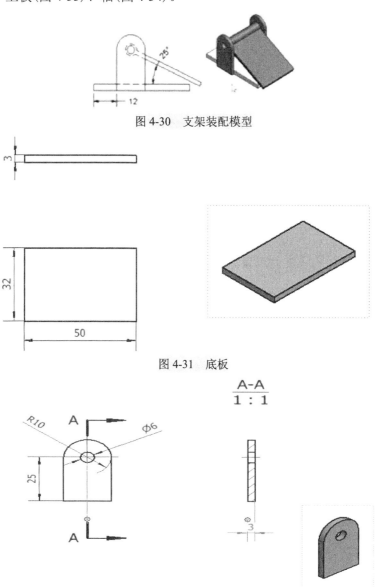

图 4-30　支架装配模型

图 4-31　底板

图 4-32　立板

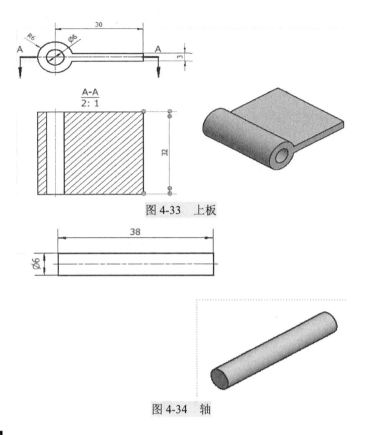

图 4-33 上板

图 4-34 轴

【操作方法】

(1)进入装配环境。打开"新建"对话框,选择"部件"类型,进入零件装配环境。

(2)添加并定位"底板"零件。

单击"放置"按钮📥,在弹出的"打开"对话框中选择要添加的零件文件名"底板",单击"打开"按钮,"底板"零件显示在图形区,单击确定这个零件在屏幕中的位置,右击零件,在右键菜单中选择"确定"选项,再次右击零件,在右键菜单中选择"固定"选项,效果如图 4-35 所示。

图 4-35 "底板"装配效果

(3)添加并装配"立板"零件。单击📥按钮,打开"立板"文件,添加"立板"零件。使用以下 3 个约束来装配"立板"零件。

① 选择约束类型为"配合"🔲中的"表面平齐" ，再分别选择底板的底面和立板的底面,此时一定注意选择面出现的淡红色箭头方向,要和选项的箭头方向一致。

② 选择约束类型为"配合"🔲中的"配合" ，再分别选择两个侧面,设置偏移值为 0。

③ 选择约束类型为"配合"🔲中的"表面平齐",再分别选择底板的前面和立板的前面,

设置偏移值为 12。单击"确定"按钮结束该零件的装配，结果如图 4-36 所示。

④ 选择立板，以底板的中心面为镜像面镜像立板，效果如图 4-37 所示。

图 4-36 "立板"装配效果

图 4-37 "立板"镜像效果

(4)添加并装配"上板"零件。

单击 按钮，打开"上板"文件，添加"上板"零件。使用以下 2 个约束装配"上板"零件。

① 选择约束类型为"插入" 中的"反向" ，以上板的端面和立板的端面为配合面。分别选择上板孔的轴线和孔外侧的端面圆，立板孔的轴线和孔里侧的端面圆，注意出现箭头的方向和要求一致。

② 选择约束类型为"角度" ，分别选择底板的上表面和上板的下表面，设置偏移值为 25。

③ 单击"确定"按钮结束该零件的装配，结果如图 4-38 所示。

(5)添加并装配"轴"零件。

单击 按钮，打开"轴"文件，添加"轴"零件。使用以下约束装配"顶座"零件。

① 选择约束类型为"插入"，分别选择立板的轴线和轴的轴线，以立板的外端面和轴的外端面为基准。

② 单击"确定"按钮结束该零件的装配，结果如图 4-39 所示。

完成的装配模型，并保存文件。

图 4-38 "上板"装配效果

图 4-39 整体装配效果

4.6 上 机 指 导

例 4-6　完成如图 4-40 所示定滑轮装配模型的创建，该模型主要包括垫圈、滑轮、开口销、芯轴、油杯盖、油杯体、支架等零件，如图 4-41～图 4-47 所示。(提醒：请先完成图 3-95～图 3-100 的操作练习。)

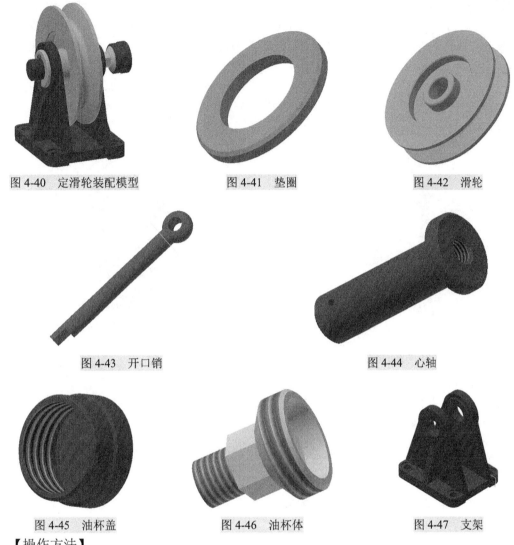

图 4-40　定滑轮装配模型　　　　　　图 4-41　垫圈　　　　　　图 4-42　滑轮

图 4-43　开口销　　　　　　　　　　图 4-44　心轴

图 4-45　油杯盖　　　　　　图 4-46　油杯体　　　　　　图 4-47　支架

【操作方法】

（1）进入装配环境。启动 Inventor 2015，在"新建"窗口中，选择"部件"类型，进入零件装配环境。

（2）添加并定位"支架"零件。单击 按钮，在弹出的"打开"对话框中选择要添加的零件文件名"支架"，单击"打开"按钮，支架零件显示在图形区，右击零件，在右键菜单中选择"在原点处固定"选项，再次右击零件，在右键菜单中选择"确定"选项，确定这个零件在屏幕中的位置。效果如图 4-47 所示。

（3）添加并装配"滑轮"零件。单击 按钮，打开"滑轮"文件，添加"滑轮"零件。使用以下约束来装配"滑轮"零件：①选择约束类型为"插入"中的"反向" ，再分别选择支架表面孔的中心线和滑轮孔的中心线，同时选择支架左边孔的内侧表面和滑轮孔左侧的表面为配合基准面，设置偏移值为 0。②单击"确定"按钮结束该零件的装配，结果如图 4-48 所示。

（4）添加并装配"芯轴"零件。单击 按钮，打开"芯轴"文件，添加"芯轴"零件。

使用以下约束来装配"叶片"零件。

① 选择约束类型为"插入",再分别选择支架表面孔的中心线和滑轮孔的中心线。同时选择支架右边孔的外侧表面和芯轴大头端的内侧表面为配合基准面,单击"反向"按钮，设置偏移值为 0。

② 选择约束类型"表面平齐",以滑轮的竖立中心面和芯轴小孔的竖立中心面为基准面,保证芯轴小孔在竖立位置。

③ 单击"确定"按钮结束该零件的装配,结果如图 4-49 所示。

图 4-48　　"滑轮"装配效果　　　　　　　图 4-49　　"芯轴"装配效果

(5)添加并定位"油杯体"零件。

① 单击 按钮,在弹出的"打开"对话框中选择要添加的零件文件名"油杯体",单击"打开"按钮,"油杯体"零件显示在图形区。

② 单击"自由旋转"和"自由移动"按钮调整油杯体到合适位置。

③ 选择约束类型为"插入",再分别选择芯轴孔的中心线和油杯体孔的中心线。同时选择芯轴孔的右边外侧表面和油杯体左边的侧表面为配合基准面,单击"反向"按钮，设置偏移值为 0。

④ 单击"确定"按钮结束该零件的装配,如图 4-50 所示。

(6)添加并装配"油杯盖"零件。

① 单击 按钮,在弹出的"打开"对话框中选择要添加的零件文件名"油杯盖",单击"打开"按钮,"油杯盖"零件显示在图形区。

② 单击"自由旋转"和"自由移动"按钮调整油盖体到合适位置。

③ 选择约束类型为"插入",再分别选择油杯体孔的中心线和油杯盖孔的中心线。同时选择油杯体孔的右边外侧表面和油杯盖左边的侧表面为配合基准面,单击"反向"按钮，设置偏移值为 0。

④ 单击"确定"按钮结束该零件的装配,如图 4-51 所示。

(7)添加并装配"垫圈"子装配体。单击 按钮,打开"垫圈"文件,添加"垫圈"子装配体。使用以下约束来装配"垫圈"装配体:

① 选择约束类型为"插入",再分别选择支架零件孔中心线和垫圈孔中心线。同时选择支架左边外侧表面和垫圈右边的侧表面为配合基准面,单击"反向"按钮，设置偏移值为 0。

② 单击"确定"按钮结束该零件的装配,结果如图 4-52 所示。

图 4-50 "油杯体"装配效果

图 4-51 "油杯盖"装配效果

(8) 添加并装配"销"零件。单击 按钮，打开"销"文件，添加"销"零件。使用以下约束来装配"销"零件。

① 分别在芯轴的销孔和销的孔上建立足够的工作面，选择约束类型为"配合"，再分别选择泵体零件的外壁和垫片零件的外壁。

② 分别选择这两个零件的三个方向的工作面，选择约束类型为"表面平齐"，设置偏移值为0。

③ 单击"确定"按钮结束该零件的装配，结果如图 4-53 所示。完成装配并保存文件。

图 4-52 "垫圈"子装配体装配效果

图 4-53 "销"装配效果

特别提示：

在装配过程中，可以在零件中增加工作面，以工作面为基准来调整零件之间的位置，达到装配的需要。

装配的时候通常先对各个零件的相互关系进行分析，把关系紧密的几个零件先进行装配，组成子装配体；再按照零件之间的疏密关系顺序逐步进行装配。

例 4-7 泵体柱塞组件装配。

泵体柱塞组件由泵体、柱塞、衬套、填料、填料压盖、弹簧垫圈、螺柱、螺母八个零件组成。各个零件组装步骤如下。（提醒：请先完成图 3-101～图 3-108 的操作练习。）

【操作方法】

(1) 进入装配环境，调入泵体，如图 4-54 所示。

(2) 调入柱塞。运用插入命令，如图 4-55 所示，选择第一条插入命令端线（图 4-56），选择第二条插入命令端线（图 4-57）蓝色即为

图 4-54 调入泵体

选中线。插入效果如图 4-58 所示。

(3)调入柱塞，运用插入命令，方法类上，插入效果如图 4-59 所示。

图 4-55　插入命令

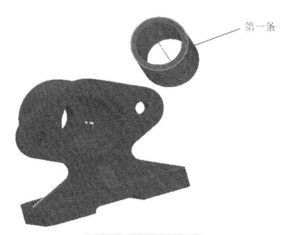

图 4-56　选择第一条边

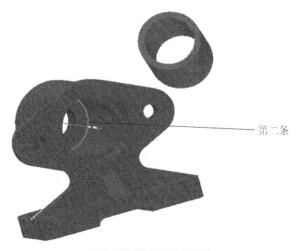

图 4-57　选择第二条边

图 4-58 插入完成

图 4-59 插入柱塞

(4) 调入填料、填料压盖(这里可以先使填料与填料压盖配合),效果如图 4-60 所示。

(5) 调入螺柱,运用插入命令,效果如图 4-61 所示。

图 4-60 调入填料、填料压盖

图 4-61 调入螺柱

(6) 调入弹性垫圈,运用插入命令,效果如图 4-62 所示。

(7) 调入螺母(装配完成),运用插入命令,效果如图 4-63 所示。

以上为泵体完整的装配过程。

图 4-62 调入弹性垫圈

图 4-63 调入螺母

4.7 操 作 练 习

在第 3 章的操作练习中有截止阀、换向阀、定滑轮和泵体柱塞组件的全套零件图,读者根据零件图创建的模型并参考下面的装配示意图组装成部件,如图 4-64～图 4-67 所示。

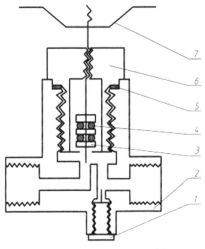

图 4-64　截止阀装配示意图

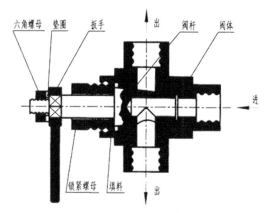

图 4-65　换向阀装配示意图

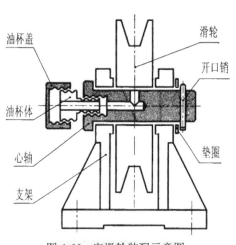

图 4-66　定滑轮装配示意图

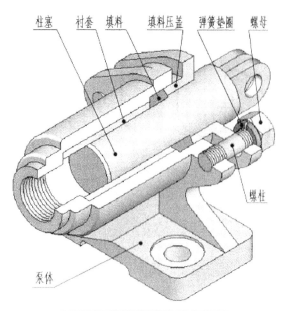

图 4-67　泵体柱塞组件装配示意图

第5章 创建工程图

5.1　设置工程图

工程图是工程技术人员进行技术信息交流的"语言"。造型设计完成后，设计人员需要将三维的零件或部件模型转换成二维的工程图样以阐明设计意图，并指导加工制造。因此，创建工程图也是产品设计的重要一步。Inventor 软件为设计人员提供了强大的创建和编辑参数化工程图的功能，其二维工程图与三维模型是紧密关联的，能够进行关联更新，以便设计人员实现全程信息化设计。

5.1.1　工程图环境

启动 Inventor 2015，在"新建"窗口中双击工程图模板 Standard.idw，进入工程图环境，如图 5-1 所示。

5.1.2　工程图设置

从新建工程图的浏览器(图 5-1)中可以看到，工程图模板文件已对图纸格式、图框、标题栏、文本样式等做了设置。从默认选项打开的工程图模板是符合中国国家标准(GB)的，不经修改便可以直接使用。如果用户需要对绘图标准、标题栏格式等进行修改，可以更改设置。工程图的主要设置如下。

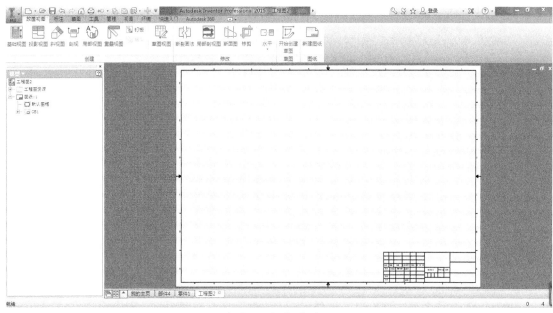

图 5-1　工程图环境

1.　绘图标准

在工程图的"管理"工具面板中单击"样式编辑器"按钮，弹出"样式和标准编辑器"对话框，如图 5-2 所示。在对话框右上角的样式下拉列表框中选择"所有样式"，此时左边的浏览器的"标准"选项中显示各种制图标准，选定其中一种标准，并在右边"标准"设置框的各选项卡内修改设置。需要说明的是，由于 ANSI[美国国家标准(英制)]、ANSI-mm[美国国家标准(米制)]、BSI(英国国家标准)、DIN(德国工业标准)、GB(中国国家标准)、ISO(国际标准)和 JIS(日本工业标准)都是国际认可的标准，建议一般情况下不要修改基本设置。

图 5-2　选择标准

2. 设置工程图的属性

当前的绘图标准设置了工程图的许多属性。从图 5-2 的浏览器中可以查看诸如"引出序号""图层""尺寸""标题栏"等基于绘图标准的各个选项,有必要时可以对其进行修改。

5.1.3 工程图模板

新工程图都要通过模板来创建。通常使用默认模板创建工程图,也可以使用设计人员自定义的模板。

任何工程图文件都可以保存为模板。当把工程图文件保存到 Templates 文件夹中时,该文件转换为模板文件。例如,若一个工程图文件中包含了要用于其他工程图的设置,则可以将它的一个副本保存在 Inventor 2015 安装目录下的 Templates 文件夹中,使其成为一个新模板,当创建新工程图文件时就可以选择这个模板。

下面简单介绍用户模板的创建。

1) 新建文件

启动 Inventor 2015,在"新建"窗口中选择工程图模板 Standard.idw,此模板基于 GB 标准,其中大多数设置可以直接使用。

2) 设置文本、尺寸样式

在工程图的"管理"工具面板中单击"样式编辑器"按钮,弹出"样式和标准编辑器"对话框,单击"标准"选项下的"默认标准(GB)",在右边选择"单位"选项卡,如图 5-3(a)所示。在"单位"选项卡的"预设值:线宽"项目中单击"新建"按钮,在弹出的"添加新线宽"对话框中(图 5-3(b))中输入 0.30mm,单击"确定"按钮并保存新线宽。

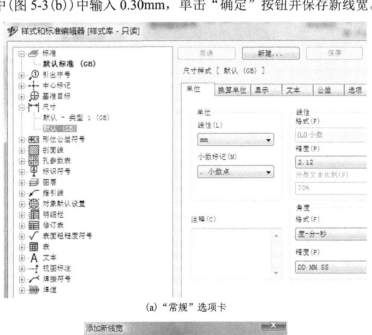

(a)"常规"选项卡

(b)添加线宽

图 5-3 修改标准中的常规项

3) 设置文本

展开窗口浏览器中的"文本"选项，在"注释文本(ISO)"右击鼠标，在右键菜单中选择"新建样式"选项，弹出"新建样式名"对话框，在对话框中输入"注释文本(GB)"字样，如图 5-4 所示。

在新建的"注释文本(GB)"中，可以设置文字格式、对齐方式、段落间距和颜色等，如图 5-5 所示。

图 5-4 "新建样式名"对话框

图 5-5 设置文字样式

4) 设置尺寸

展开窗口浏览器中的"尺寸"选项，单击"默认(GB)"，并进行以下修改：

(1) 在"单位"选项卡中可修改"线性""角度""精度"等，如图 5-6(a)所示。

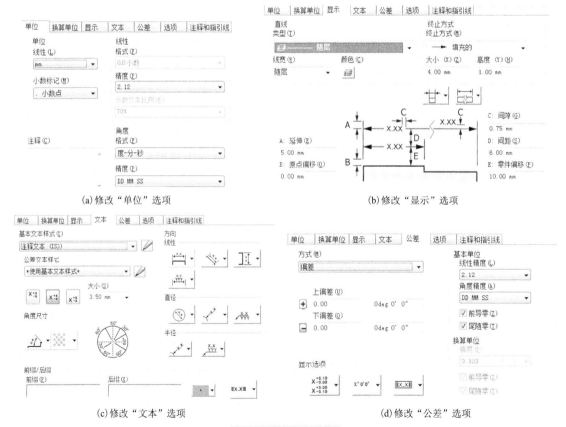

(a)修改"单位"选项   (b)修改"显示"选项

(c)修改"文本"选项   (d)修改"公差"选项

图 5-6 设置尺寸样式

（2）在"显示"选项卡中可修改"间隙""终止方式""颜色"等，如图 5-6(b) 所示。

（3）在"文本"选项卡中可修改尺寸标注的其他设置，如图 5-6(c) 所示。

（4）在"公差"选项卡中，把"方式"中的"默认值"改为"偏差"，可设置尺寸标注的偏差，如图 5-6(d) 所示。

5）设置图层

展开窗口浏览器中的"图层"选项，单击任一图层名称以激活"图层样式"修改窗。

6）修改图层颜色

单击需要改动的图层颜色，选择"颜色"对话框中的颜色，如图 5-7(a) 所示。

7）修改图层线宽

将"隐藏(ISO)"图层的线宽改为 0.50mm，如图 5-7(b) 所示。单击"完成"按钮，退出样式设置。

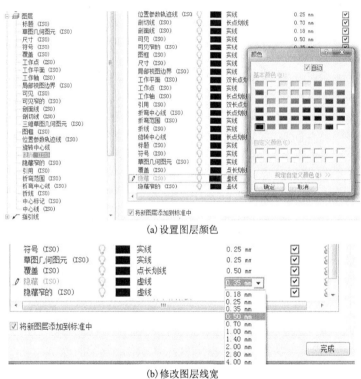

(a) 设置图层颜色

(b) 修改图层线宽

图 5-7　设置图层

8）激活标题栏

展开窗口浏览器中的"标题栏"选项，在 GB2 上右击鼠标，在右键菜单中选择"编辑"选项，如图 5-8(a) 所示；标准标题栏的格式及参数如图 5-8(b) 所示。

9）编辑标题栏

图 5-8(b) 中的环境为草图环境，因此可以使用草图工具对图线、文字和特性字段等进行修改。

10）保存编辑

在草图上右击鼠标，在右键菜单中选择"保存标题栏"选项；或在标准工具栏上单击"返回"按钮，在活动对话框中，单击"保存编辑"或用"另存为"选项，命名一个新的用户标题栏。

11) 保存模板

将用户模板保存到安装目录下的 Templates 文件夹中。

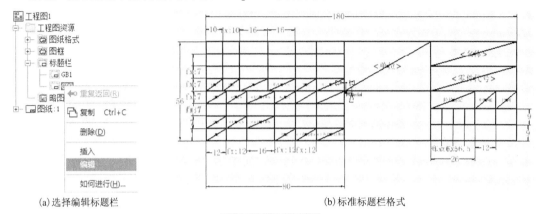

(a) 选择编辑标题栏　　　　　　　　　　　　　　(b) 标准标题栏格式

图 5-8　编辑标题栏

5.2　创建工程视图

在 Inventor 2015 中可创建的视图种类主要有基础视图、投影视图、斜视图、剖视图、局部视图、局部剖视图、打断视图及剖面图等。工程图中第一个视图一般是由自动投影零部件模型而生成的，也可以由部件的设计视图和表达视图创建工程视图。

5.2.1　基础视图

在新的工程图中首先需要独立创建一个基础视图，因为基础视图(如主视图)是生成其他从属视图(如俯视图、左视图等)的父视图。根据零部件表达的需要，在同一张工程图中可以添加多个基础视图。

【操作方法】

(1) 新建工程图文件。

(2) 在工程图"放置视图"工具面板中单击"基础视图"按钮 ⬚，打开"工程视图"对话框，如图 5-9 所示。在"工程视图"对话框中可以调整投影视图的方向、显示方式、比例等。

图 5-9　"工程视图"对话框

(3)将预览视图移动到所需位置，单击对话框中的"确定"按钮，创建的基础视图如图 5-10 所示。

作为父视图的基础视图是创建其他从属视图的基础，由基础视图可以投影、剖切出其他视图。

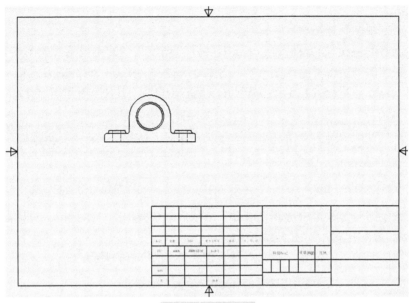

图 5-10 基础视图

5.2.2 投影视图

用"投影视图"工具可以创建以现有视图为基础的其他从属视图，如正交投影视图或等轴测视图等。正交投影视图的特点是默认与父视图对齐，并且继承父视图的比例和显示方式。若移动父视图，从属的正交投影视图仍保持与它的正交对齐关系；若改变父视图的比例，正交投影视图的比例也随之改变。

【操作方法】

(1)单击"投影视图"按钮。

(2)选取基础视图，移动鼠标进行投影，移动的同时可以预览投影视图，移动到适当位置单击放置视图，如图 5-11 所示。投影视图的方向由系统自动判断。

(3)可以连续移动鼠标并放置多个投影视图、轴测图，然后右击鼠标，在右键菜单中选择"创建"选项，完成视图的创建，如图 5-12 所示。

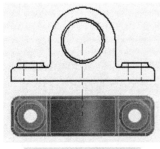

图 5-11 放置投影视图

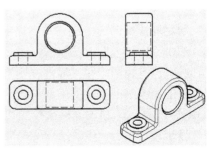

图 5-12 创建投影视图、轴测图

5.2.3　剖视图

将已有视图作为父视图可以创建剖视图。创建的剖视图默认与其父视图对齐，若在放置剖视图时按住 Ctrl 键，则可以取消对齐关系。

【操作方法】

(1)单击"剖视图"按钮🔲。

(2)单击已有的视图(如俯视图)作为父视图，可创建全剖的主视图，如图 5-13 所示。

(3)在父视图的剖切位置上绘制剖切路径线。选择剖切位置以画线的方式单击放置剖切路径线的起点和终点，如图 5-14 所示。得到终点后右击鼠标，在右键菜单中选择"继续"选项。

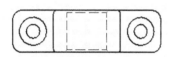

图 5-13　选取父视图

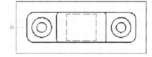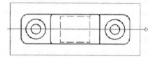

图 5-14　绘制剖切线

(4)在上一步的右键菜单中选择"继续"选项后，在弹出的"剖视图"对话框中设置视图的名称、比例和显示样式，如图 5-15 所示。

(5)选择视图要放置的位置，单击后得到剖视图如图 5-16 所示。

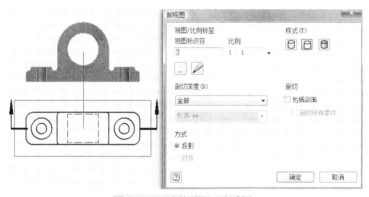

图 5-15　"剖视图"对话框

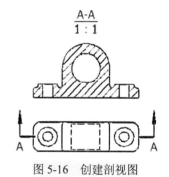

图 5-16　创建剖视图

5.2.4　局部视图

对已有视图的特定区域创建局部视图，可以使该区域在局部视图上放大显示，局部视图也称局部放大图。可以选择局部视图的比例，与父视图没有对齐关系，其边界可以设置为圆形或矩形。

1. 创建局部视图

(1)单击"局部视图"按钮🔍。

(2)选取已有视图，在"局部视图"对话框中设置比例、显示样式和视图名称。

(3)单击拾取局部视图的中心位置，右击鼠标，在右键菜单中选择"圆形"或"矩形"选项，如图 5-17 所示。移动鼠标来控制边框大小，单击确定其范围。

(4)显示预览图后，移动鼠标将局部视图放置到适当的位置，单击后所创建的局部视图如图 5-18 所示。

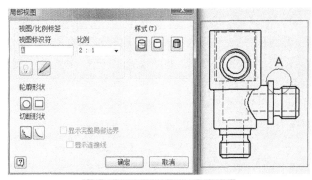

图 5-17　选择局部视图的位置

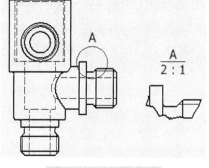

图 5-18　创建局部视图

2．编辑局部视图

（1）用户可以改变视图边界上名称的位置，只要将它拖动到所需的位置即可。

（2）当光标移到边界上时，会出现可拖动的绿色控制点，拖动这些控制点可改变边框的位置和大小，局部视图也会相应地改变，如图 5-19 所示。

（3）可用定义"附着"的方式将边界固定到父视图的一个点上，使边界与特定的位置相关联。当光标移动到边界上时右击鼠标，在右键菜单中选择"附着"选项，如图 5-20（a）所示。然后在父视图上选择附着点，如图 5-20（b）所示。已附着的边界不能移动（但可改变大小），它与父视图保持关联性，当父视图中相关对象的尺寸或位置发生变化时，此附着状态会随着指定的附着顶点移动。在浏览器中，附着的局部视图名称标签前有附着符号。若要解除附着，可将光标移到边界上时右击鼠标，在右键菜单中选择"拆离"选项。

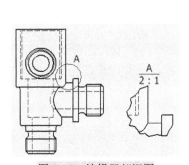

图 5-19　编辑局部视图

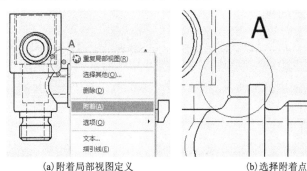

（a）附着局部视图定义　　　　　　（b）选择附着点

图 5-20　附着局部视图

5.2.5　局部剖视图

用户可在已有视图上创建局部剖视图。创建局部剖视图必须先创建与已有视图相关联的草图，在草图上绘制一个或多个封闭截面轮廓作为局部剖区域的边界。

【操作方法】

（1）激活已有视图，单击工具面板上的"草图"按钮，进入草图工作环境。使该草图与视图相关联。

（2）使用工程图"草图"工具面板上的工具创建封闭的截面轮廓草图，如图 5-21 所示。

（3）绘制完成草图后单击"返回"按钮，退出草图环境。

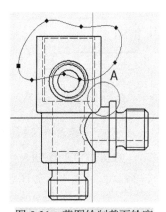

图 5-21　草图绘制截面轮廓

　　(4)单击"局部剖视图"按钮 ![]。

　　(5)单击已有视图,在"局部剖视图"对话框中,选择截面轮廓,设置剖切面的深度,如图 5-22(a)所示。定义深度有四种方式,常采用"自点"方式,即在定义时先在模型的任何视图中指定局部剖区域的起点,然后自该点起量取区域深度。

　　(6)完成的局部剖视图如图 5-22(b)所示。

　　若有多个封闭轮廓的关联草图,则可同时创建多个局部剖视图。

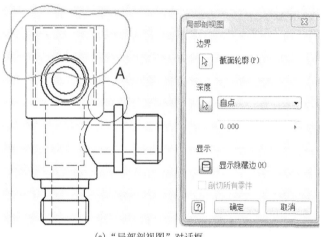

(a)"局部剖视图"对话框　　　　　　　　　　　　　　(b)局部剖视图

图 5-22　创建局部剖视图

5.2.6　剖面图

　　将已有视图转换成剖面图,可以更好地表示切面的形状。创建剖面图,其剖切路径线由所选源视图中的关联草图几何图元组成,而剖面图将由所选的目标视图生成。如将图 5-23 所示箱体的轴测视图转换成剖面图,以表示多个切面的结构。此时主视图即源视图,轴侧视图为目标视图。

【操作方法】

　　(1)激活源视图,单击工具面板上的"草图"按钮,创建源视图的关联草图。在草图上绘制确定剖切位置的剖切路径线,如图 5-24 所示。绘制完成退出草图。

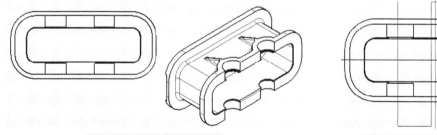

图 5-23　源视图和目标视图　　　　　　　　　图 5-24　草图绘制剖切路径线

　　(2)单击"剖面图"按钮。选择目标视图,如图 5-25(a)所示。在"剖切"对话框中单击"选择草图"选项,如图 5-25(b)所示。

(a)选择要剖切的视图

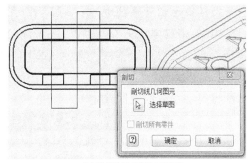
(b)选择剖切线几何图元

图 5-25　选择目标视图和草图

(3)完成的剖面图，如图 5-26 所示。

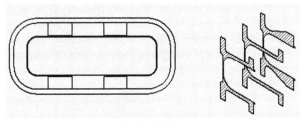

图 5-26　剖面图

　　需要注意的是，剖面图主要用于表示零件上一个或多个切面的形状，它与国家标准中的断面图有区别，如缺少剖切位置的标注。虽然草图中绘制了表示剖切位置的剖切路径线，但是创建剖面图时草图已退化了。即使在浏览器中通过右击鼠标，编辑草图为"可见"，这种标注也不合规范。

5.3　工程图的标注

　　工程图的标注包含尺寸、符号和文本注释、明细栏和序号等。

5.3.1　标注尺寸

　　工程图上的尺寸可以通过两种方式注出，即自动获取模型的尺寸和手动添加标注的尺寸。虽然两种方式注出的尺寸都可以实现对工程图的尺寸标注，但两类尺寸有很大区别。

　　(1)模型尺寸：零件中约束特征大小的参数化尺寸。这类尺寸创建于零件建模阶段，它们被应用于绘制草图或添加特征，由于是参数化的尺寸，因此可以实现与模型的相互驱动。

　　(2)工程图尺寸：设计人员在工程图中新标注的尺寸，作为图样的标注用于对模型进一步的说明。标注工程图尺寸不会改变零件的大小。

1. 模型尺寸

　　工程图可以获取零部件的模型尺寸，并将其放置在工程视图中。在模型中定义的尺寸和公差可以在工程视图中显示，但只能显示那些与视图平行平面上的尺寸，且模型尺寸只能在同一张图纸中使用一次。模型尺寸的放置位置、显示方式等均可以编辑。用户可以在工程图中通过编辑模型尺寸来驱动模型大小的修改。

1）三种获取模型尺寸的方法

（1）在"应用程序选项"中设置，自动获取模型尺寸。选择菜单栏中的"工具"→"应用程序选项"命令，打开对话框，在"工程图"选项卡中，选中"放置视图时检索所有模型尺寸"，如图 5-27 所示。单击"关闭"按钮结束设置。经此设置后所创建的基础视图，在放置视图时都将自动获取模型尺寸。

图 5-27　在"应用程序选项"选项卡中设置模型尺寸

（2）在创建基础视图"显示选项"中设置，自动获取模型尺寸。新建一个工程图，单击"基础视图"按钮，在"工程视图"对话框中打开"显示选项"选项卡，选中"所有模型尺寸"，如图 5-28 所示。单击"确定"按钮或在模型放到位时单击即获得模型尺寸的视图，如图 5-29 所示。

图 5-28　创建基础视图时设置模型尺寸

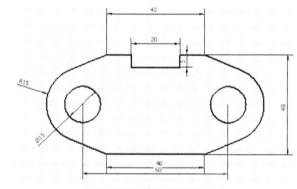

图 5-29　自动获取模型尺寸

（3）在视图上检索模型尺寸。在视图上用"检索尺寸"的方法可以检索需要的尺寸，以便更灵活地为视图添加尺寸。

在工程图上选择要添加尺寸的视图，右击鼠标，选择右键菜单中的"检索尺寸"选项，如图 5-30 所示。也可以在工程图"标注"工具面板上单击"检索尺寸"按钮进行检索。在"检索尺寸"对话框中，选择"选择特征"或"选择零件"，如图 5-31 所示。在视图上分别选择特征或整个零件。

（4）在"检索尺寸"对话框中，单击"选择尺寸"按钮，选择需要的尺寸，结果如图 5-32 所示。

（5）单击"确定"按钮得到尺寸。只有所选的尺寸才显示在工程图上。

2）编辑尺寸

在 Inventor 的工程图中可以进行尺寸的编辑修改。

（1）调整尺寸位置。在工程图中选择需要移动的尺寸，这时选中的尺寸会出现绿色的小圆点，将光标移动到绿色圆点附近，指针下会出现"十"字箭头，如图 5-33 所示。按住鼠标左键即可拖动尺寸的位置。

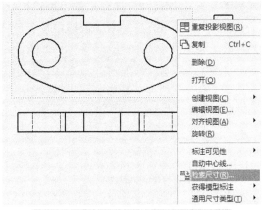

图 5-30 选择视图，启动"检索尺寸"　　　图 5-31 "检索尺寸"对话框

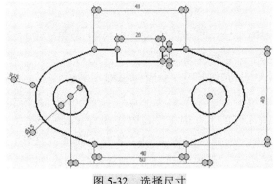

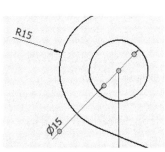

图 5-32 选择尺寸　　　　　　　　　图 5-33 选择、移动尺寸

（2）修改尺寸数字。修改尺寸数字包括修改文本和尺寸大小。

① 修改尺寸文本：选择尺寸并右击鼠标，在快捷菜单中选择"文本"选项，对文本进行编辑，如图 5-34 所示。

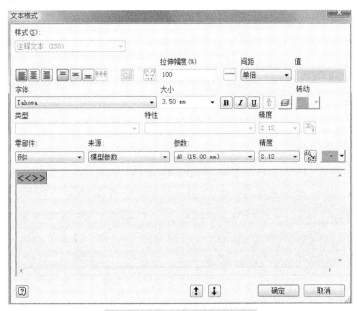

图 5-34 "文本格式"对话框

模型尺寸在文本编辑中是删不掉的。若要对其修改，双击该尺寸，在弹出的"编辑尺寸"对话框中选中"隐藏尺寸值"如图 5-35(a)所示。隐藏尺寸值后，可在文本编辑框中输入新文本以代替尺寸值，如图 5-35(b)所示。

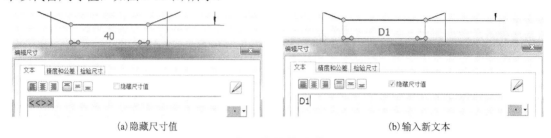

(a)隐藏尺寸值   (b)输入新文本

图 5-35 替代尺寸

② 编辑模型尺寸：如果在安装软件时激活了该选项，就可以在工程图中编辑模型尺寸，并使得模型大小得以修改。

工程图上经过编辑的模型尺寸将关联到零件模型上。模型更新后，反映的是修改后的情况。如果在工程图上编辑模型尺寸时，还不确定是否需要改变模型的大小，则可以使用"延时更新"功能，使工程图与模型之间的参数关联关系暂时断开，从而使模型不被修改。

设置延时更新有两个途径。对于已打开的工程图，单击"工具"工具面板中的"文档设置"按钮打开其对话框，在对话框中打开"工程图"选项卡，选中"延时更新"，如图 5-36(a)所示；在打开工程图时所弹出的"打开"对话框中，选择工程图文件并单击"选项"按钮，再在弹出的"文件打开选项"对话框中选中"延时更新"，如图 5-36(b)所示。

(a)在"文档设置"中选中"延时更新"   (b)在"文件打开选项"中选中"延时更新"

图 5-36 设置延时更新

特别提示：

当工程图文件设置为延时更新时，浏览器中文件图标前将显示"延时更新"图标。当工程图尺寸编辑完成，需要更新模型尺寸时，取消"延时更新"设置，就可重新建立工程图与模型的参数化尺寸关联关系。

2. 工程图尺寸

在工程图上新标注的尺寸称为工程图尺寸，它们作为一种参考尺寸是对模型尺寸的不完整标注或不规范标注的补充。工程图尺寸不是模型尺寸，所以标注工程图尺寸不会影响零件的大小。反过来，由于所标注的工程图尺寸是系统对标注对象自动测量的结果，因此工程图尺寸会随着模型的变化而改变。可见工程图尺寸与模型大小的关联性是单向的。

标注工程图尺寸的工具及其使用方法与建模中标注草图尺寸的一样。选择"标注"工具面板，如图 5-37 所示。

图 5-37　"标注"工具面板

1）通用尺寸

单击"标注"工具面板中的"尺寸"按钮。利用"通用尺寸"工具可以创建的尺寸类型很多，包括线性尺寸（对齐、一个对象和两个对象）、圆形尺寸（直径和半径）、角度尺寸（外角、内角和三点确定一个角）等。使用方法与建模中"标注草图尺寸"相同。

2）孔/螺纹注释

向工程视图中添加孔标注时，将自动引用孔模型的直径、深度、螺纹尺寸等数据。

单击"孔/螺纹注释"按钮，选择视图上的孔，拖出孔的标注，如图 5-38（a）所示。选择视图上的螺纹孔，拖出螺纹孔的标注，如图 5-38（b）所示。

3）倒角注释

单击"倒角"按钮，在视图上选择倒角边（斜边），如图 5-39 所示。

(a)标注孔尺寸　　　　　(b)标注螺纹尺寸

图 5-38　孔/螺纹尺寸标注

图 5-39　倒角注释

5.3.2　工程图注释

1. 中心标记和中心线

在工程图上可以使用两种方法添加中心线和中心标记。

1）自动添加中心线

在视图上右击鼠标，在右键菜单中选择"自动中心线"选项，如图 5-40 所示。

在"自动中心线"对话框中，选择中心线适用的特征类型和特征的投影方向。还可以设置圆、圆角尺寸的阈值，以便排除半径小于或大于指定值的圆形特征，如图 5-41 所示。设置完成后，视图自动添加的中心线如图 5-42 所示。

自动中心线的类型可以预先设置，设置方法为：单击"工具"工具面板中的"文档设置"按钮，选择对话框中的"工程图"选项卡，单击"自动中心线"按钮，在弹出的"自动中心线"对话框中进行设置。这种设置作为默认条件可快速地添加自动中心线。在"文档设置"中完成的中心线设置，应当保存到工程图或工程图模板中，便于以后使用。如果需要，还可以仅修改对所选视图的设置。

图 5-40　选择"自动中心线"选项　　　　　图 5-41　设置中心线类型

2) 手动添加中心线

用户可以在所选视图的特征上添加四种类型的中心线和中心标记。手动添加中心线和中心标记，可在工程图"标注"工具面板中单击相应的按钮来创建。

(1) 中心标记：用于标注孔中心、环形边和圆柱形对象。单击"中心标记"按钮，在视图上选择一个环形边或圆的中心，如图 5-43 所示。

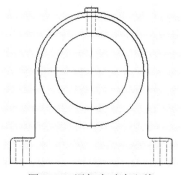

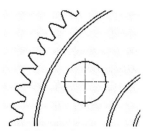

图 5-42　添加自动中心线　　　　　　　　图 5-43　中心标记

(2) 中心线：用于标注孔中心、环形边和圆柱形对象。单击"中心线"按钮，在视图上依次选择第一个中心点、中点或顶点，然后依次选择第二个中心点、中点或顶点，右击鼠标，在右键菜单中选择"创建"选项，创建的中心线如图 5-44 所示。

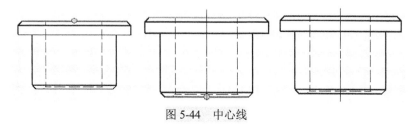

图 5-44　中心线

(3) 对分中心线：用于创建将两条线对分的中心线。单击"对分中心线"按钮。在视图上依次选择第一条直线和第二条直线，如图 5-45 所示。

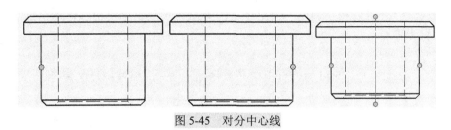

图 5-45　对分中心线

　　(4)中心阵列：用于在具有一致特征阵列的设计上创建中心线。单击"中心阵列"按钮。在工程图中，选择要定义阵列特征的中心或环形边，创建阵列中心的中心线。单击阵列的第一个特征，在依次选择后面的特征，出现圆形的中心线，最后右击鼠标，在右键菜单中选择"创建"选项，创建的阵列特征中心线如图 5-46 所示。

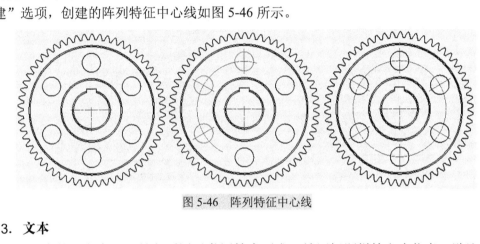

图 5-46　阵列特征中心线

3．文本

　　工程图中的"文本"工具主要用于书写技术要求，填写标题栏等文本信息。默认的文本格式由激活的绘图标准中所定义的样式控制。使用"文本"工具的方法如下。

　　(1)单击"文本"按钮 A，在图形区单击或拉出一个矩形文本框指定文本位置。

　　(2)在"文本格式"对话框中输入文本，设置文本格式参数。

4．指引线文本

　　在工程图中用指引线文本添加带指引线的注释。如果将注释指引线附着到视图或视图中的对象上，则注释会随着视图移动或删除。

　　单击"指引线文本"按钮 A。在图形区单击指定指引线的起点，然后单击指定指引线的第二个点，右击鼠标，在右键菜单中的选择"继续"选项，在弹出的"文本格式"对话框中输入文本，设置文本格式参数。单击"确定"按钮添加指引线文本，如图 5-47 所示。

图 5-47　指引线文本

5.3.3　明细栏和序号

1．明细栏

　　Inventor 2015 中的工程图明细栏与装配模型相关，在创建明细栏时可按默认设置自动生成相关信息。明细栏格式可预先设置，也可以重新编辑，甚至可以做复杂的自定义来进一步与零件信息相关联。

2．引出序号

　　在装配工程图上需要对零部件编注序号。视图上引出的序号数字与明细栏项目中的序号数字应相对应，并且可以相互驱动。引出序号的方法有手动单个引出和自动全部引出两种。

1) 手动引出序号

【操作方法】

(1) 单击"标注"工具面板的"引出序号"按钮 ①，选择要标注的零件。

(2) 在可放置序号的位置单击，完成单个序号的引出。此后，可通过在右键菜单中选择"继续"选项进行下一个序号的引出，直至完成若干序号的引出后，通过在右键菜单中选择"结束"选项进行序号的引出，如图 5-48 所示。

(3) 调整引出序号的放置位置和指引位置。可在激活的引出线上拖动绿色控制点到适当位置，如图 5-49 所示。其中指引线起点的箭头被拖到轮廓内时会变为黑点。

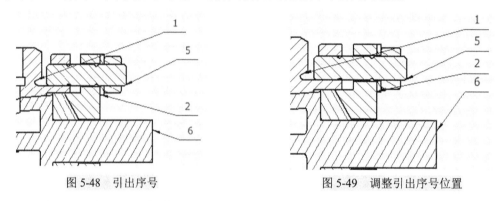

图 5-48　引出序号　　　　　　　　　　　图 5-49　调整引出序号位置

(4) 对齐序号的排列。选择在同一方向需要对齐的若干序号，右击鼠标，在右键菜单中选择"对齐"→"竖直"选项，如图 5-50 所示。

(5) 完成引出的序号如图 5-51 所示。

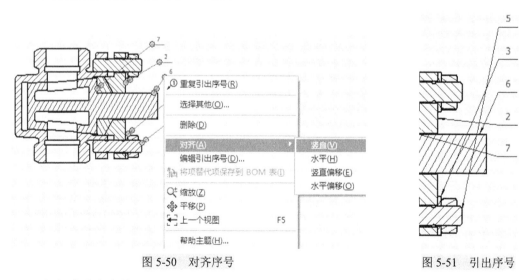

图 5-50　对齐序号　　　　　　　　　　　图 5-51　引出序号

2) 自动引出序号

当零部件数量比较多时，一般采用自动的方法引出序号，其步骤和方法如下。

(1) 引出序号。

① 单击工程图"标注"工具面板中的"自动引出序号"按钮。

② 在弹出的"自动引出序号"对话框中进行设置，设置内容如图 5-52 所示。

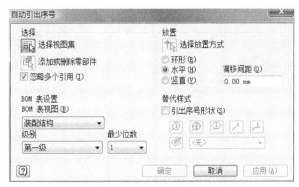

图 5-52 "自动引出序号"对话框

③ 在"自动引出序号"对话框中单击"选择视图集"按钮，选择需标注序号的视图；单击"添加或删除零部件"按钮，增减需标注序号的零部件；单击"选择放置方式"按钮，在工程图上单击放置位置，如图 5-53 所示。

图 5-53 选视图、选零件、放置方式

④ 完成自动引出的序号，如图 5-54 所示。

(2)调整序号引出位置和排列顺序。

拖动引出线上的绿色控制点，调整指引线的起点位置和序号排列的顺序。按照机械制图国家标准，调整时尽可能将序号按顺时针或逆时针方向对齐排列，指引线尽量不要交叉。

(3)重新编制序号。

如果按上面调整位置的方式难以使序号同时满足顺序排列和指引线不交叉等规则的要求，还可以采用重新编制序号方法进行序号调整，其步骤和方法如下。

① 激活引用的序号并右击鼠标，在右键菜单中选择"编辑引出序号"选项，如图 5-55(a)所示。

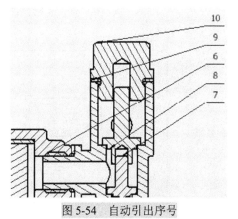

图 5-54 自动引出序号

② 在"编辑引出序号"对话框中，修改"引出序号值"，如图 5-55(b)所示。由于引出序号与明细栏序号可以双向驱动，因此以上的序号修改也将反映在明细栏中。注意，若修改的是"替代"值，则明细栏序号是不会更改的。

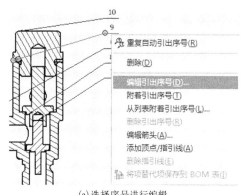

(a) 选择序号进行编辑　　　　　　　　　(b) "编辑引出序号"对话框

图 5-55　重新编制序号

5.4　上　机　指　导

5.4.1　零件图生成过程

泵体零件图一般将主视图全剖、俯视图半剖、左视图局部剖。但遇到个别零件采用主视图尽量表达多的内容，不要有不可见的剖面线，无法表达的部分可采用局部剖的方法。成图最为重要的是选择合理的主视图。

【操作方法】

(1)进入工程图环境。在"新建"窗口中选择"部件"按钮 ，单击"创建"按钮，进入工程图环境，单击"基础视图"按钮 ，在弹出的对话框中选择"当前"命令，在绘图区会出现装配图的视图，按照用户的成图布局将其放在对应的位置。

(2)生成主视图。一般来说，先把装配体俯视图放在 A3 图纸的俯视图位置，单击"剖视"按钮 ，在俯视图的图框内单击，再用两点选择需要全剖的剖面，然后右击鼠标，在右键菜单中选择"继续"选项，就可以把全剖的主视图拉出。应在主视图尽量多的表达结构形状，如图 5-56 所示。

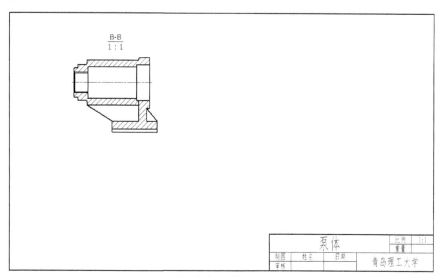

图 5-56　主视图

　　(3)生成左视图。左视图直接用投影视图调出，采用局部剖。调出后，选择修改视图，单击"创建草图"按钮，用样条曲线画出所要局部剖的位置，画完以后返回成图界面，单击"局部视图"按钮，先单击左视图，然后在主视图或俯视图内，用和生成主视图类似的方法选择合适的剖面，从而生成左视图的局部剖，如图 5-57 所示。

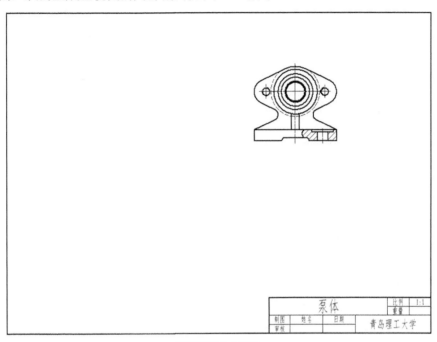

图 5-57　左视图

　　(4)生成俯视图。俯视图一般采用局部剖或者半剖，表达内部结构如图 5-58 所示。

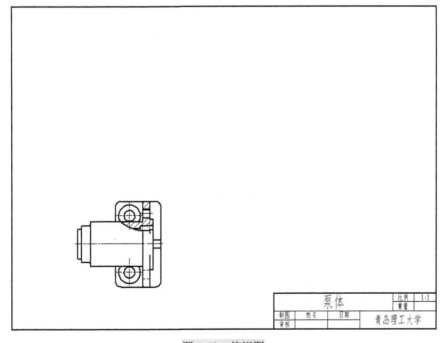

图 5-58　俯视图

(5)尺寸标注。单击"标注"按钮 ，对工程图进行定形和定位尺寸标注，如图 5-59 所示。

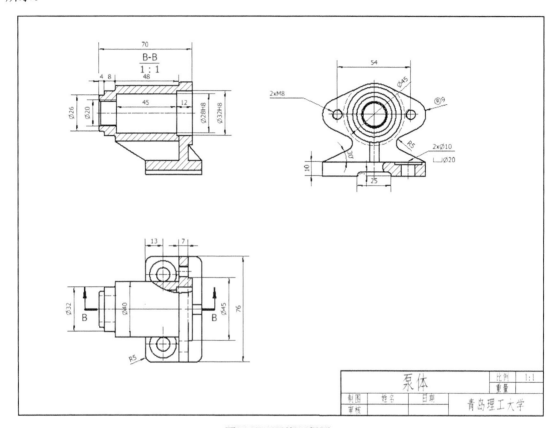

图 5-59　泵体工程图

(6)技术要求。技术要求包括未注圆角、未注倒角、表面粗糙度和结构中的平行度和垂直度等。上述公差技术要求均在标注中。

(7)标题栏填写。标题栏名称填写工程图名称"泵体"，注明制图人姓名、日期和比例等信息。

5.4.2　装配图生成过程

下面以泵体柱塞组件为例，介绍装配图的生成方法。装配图的生成方法大致与泵体的生成方法相同，在生成装配图时可根据泵体工程图的方法来生成装配图。

装配图一般将装配体主视图全剖、俯视图半剖、左视图局部剖。遇到个别装配体采用主视图尽量表达多的内容，不要有不可见的剖面线，无法表达的部分可采用局部剖的方法。成图最重要的是选择合理的主视图。

【操作方法】

(1)进入工程图环境。在"新建"窗口中选择"部件"按钮，单击"创建"按钮，进入工程图环境，如图 5-60 所示，单击"基础视图"按钮，在弹出的对话框中选择"当前"命令，在绘图区会出现装配图的视图，按照用户的成图布局将其放在对用的位置。

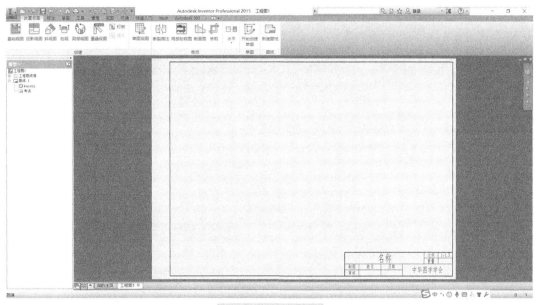

图 5-60　工程图环境

　　(2)生成主视图。一般来说，先把装配体俯视图放在 A3 图纸的俯视图位置，单击"剖视"按钮，在俯视图的图框内单击，再用两点选择需要全剖的剖面，然后右击鼠标，在右键菜单中选择"继续"选项，就可以把全剖的主视图拉出，如图 5-61 所示。

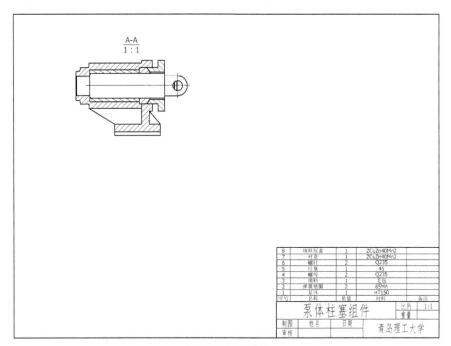

图 5-61　主视图

　　(3)生成左视图。左视图直接由基础视图调出后，单击修改视图，单击"创建草图"按钮，用样条曲线画出所要局部剖的位置，画完以后返回成图界面，单击"局部视图"按钮，先单击左视图，然后用和生成主视图类似的方法，在主视图或俯视图内选择合适的剖面，从而生成左视图的局部剖，如图 5-62 所示。

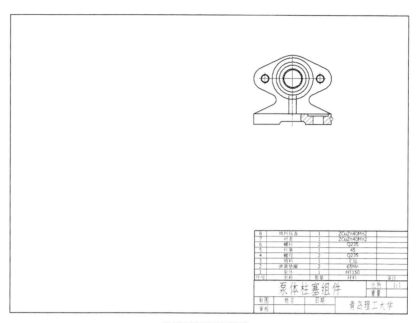

图 5-62　左视图

(4)生成俯视图。俯视图一般采用局部剖或者半剖，表达内部结构，如图 5-63 所示。

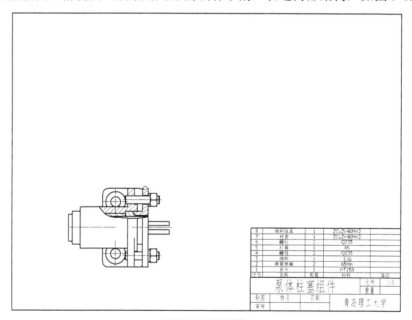

图 5-63　俯视图

(5)尺寸标注。单击"标注"按钮，对工程图进行定形和定位尺寸标注。

(6)技术要求。技术要求包括未注圆角、未注倒角、表面粗糙度和结构中的平行度和垂直度等。上述公差技术要求均在标注中。

(7)明细栏。在"标注"工具面板中的"明细栏"可以根据工程图自动生成明细栏，单击"明细栏"按钮，单击"确定"按钮，系统会根据图内零件自动生成相应的明细栏，双击明细栏会弹出"明细栏列选择器"对话框如图 5-64 所示。单击按钮，在"表头设置"

中取消选中"标题"复选框 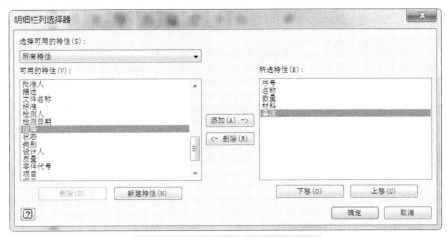，然后单击"列选择器"按钮 回，在"列选择器"列表框内设置"列"，分别为"序号""名称""数量""材料""备注"，设置完后回到装配图，单击明细栏，创建草图，用规格为 0.07mm 的线绘制明细栏的外轮廓。

图 5-64　"明细栏列选择器"对话框

(8)标题栏。标题栏名称填写工程图名称"泵体柱塞组件"，注明制图人姓名、日期和比例等信息，如图 5-65 所示。

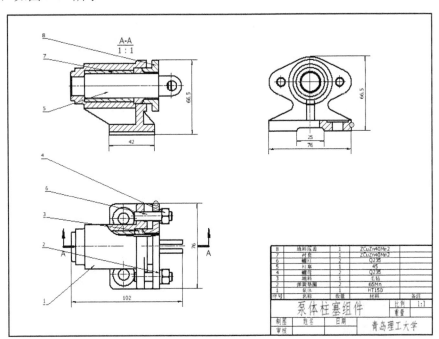

图 5-65　装配图

5.5　操　作　练　习

在第 3 章的操作练习中有截止阀、换向阀、定滑轮和泵车柱塞的全套零件图，读者根据创建的模型组以及装成的部件生成零件图和装配图。

第6章　创建表达视图

表达视图也称为分解视图，也有叫爆炸图。传统的设计方法对设计结果的表达以静态的、二维的方式为主，表达效果受到很大的限制。随着计算机辅助设计软件的发展，表达方法逐渐向着三维、动态的方向发展，并进入了数字样机时代。

6.1　表　达　视　图

6.1.1　表达视图概述

利用 Inventor 2015 提供了"表达视图与动画"功能，可以使零部件的结构及其装拆过程以动态演示的方式直观地显示，图 6-1 为四通阀的分解视图。

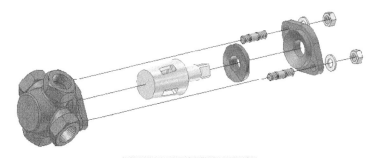

图 6-1　四通阀的分解视图

表达视图具有以下两方面的作用。

(1)用户通过动画图解装拆过程，可以清楚地观察零部件的装配关系。

(2)用户可以从最佳角度观察零件，还可以观察被部分或完全遮挡的零件。

6.1.2　创建表达视图文件

启动 Inventor 2015，在"新建"窗口中双击表达视图模板 Standard.ipn，进入表达视图环境，如图 6-2 所示。

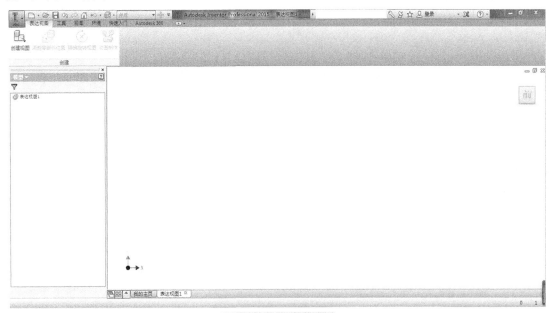

图 6-2　表达视图环境

表达视图环境中的工具面板与其他环境中的功能有所不同，如图 6-3 所示。

创建表达视图的一般步骤：

(1) 选择 Standard.ipn 模板创建表达视图文件，进入表达视图环境。

(2) 在"表达视图"工具面板上单击"创建视图"按钮，弹出如图 6-4 所示的"选择部件"对话框。

图 6-3　"表达视图"工具面板

图 6-4　"选择部件"对话框

对话框各项选项含义如下。

- 文件：选择需要创建表达视图的部件文件。
- 分解方式：有"手动"和"自动"两种方式，通常选择"手动"方式将零部件调整至合适的位置。
- 距离：在"自动"方式下有效。设置此值，可确定各零部件自动分解时零件部件之间的距离。

- 创建轨迹：在"自动"方式下有效。选择此项，可保留自动分解时零部件的移动轨迹。

(3) 选择需要创建表达视图的部件文件，确定分解方式，单击"确定"按钮完成新建表达视图。

6.1.3　编辑表达视图

表达视图可以通过以下命令来调整位置，旋转或移动，以达到用户需要的理想位置。

1. 调整零部件位置

合理调整零部件的位置对表达零部件造型及零部件之间装配关系具有重要作用。表达视图创建完成后，设计人员应根据需要调整各零部件的位置。即使选择"自动"方式创建表达视图，通常这一过程也不可避免。通过"调整零部件的位置"可以使零部件作直线运动或绕某一直线作旋转运动，并可以显示零部件从装配位置到调整后位置的运动轨迹，以便更好地观察零部件的拆装过程。

调整零部件位置可按照以下步骤进行。

(1) 单击"表达视图"工具面板中的"调整零部件位置"按钮，弹出"调整零部件位置"对话框如图 6-5 所示。

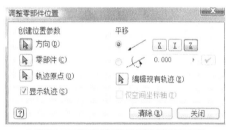

图 6-5　"调整零部件位置"对话框

对话框各项选项含义如下。

- 方向：单击此按钮，将光标移至图形区中零部件的表面或边，零部件的表面或边上将自动出现如图 6-6 所示的坐标。这时，选择合理的坐标轴定义零部件直线运动或旋转运动的方向。作直线运动时，选中的坐标轴的正方向将是零部件直线移动的方向；作旋转运动时，选中的坐标轴将是零部件转动时所环绕的坐标轴。

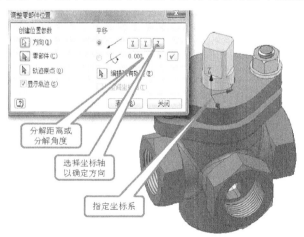

图 6-6　零部件直线或旋转运动的方向

- 分解距离或分解角度：如图 6-6 所示，用来输入零部件沿指定方向移动的距离或旋转的角度。
- 零部件：单击此按钮，可对需要进行位置调整的零部件进行选择。

- 显示轨迹：选择该选项，可显示零部件的运动轨迹。
- 清除：相当于"应用"按钮，可理解为执行对话框中的设置，并清除对话框中的内容以便设定新的参数。

(2) 根据需要选择零部件，指定运动方式与运动方向，并输入分解距离或分解角度的值。

(3) 参数设定完成后，单击"清除"按钮应用调整。

(4) 重复以上步骤，完成其他零部件的位置调整。

2. 调整动作的顺序

将浏览器调整为"顺序视图"，如图 6-7 所示，通过按住鼠标左键拖动任务里的顺序来改变动作的顺序，直到出现黑横线，松开鼠标左键，如图 6-8 所示。用户还可以合并两个动作，如螺母通常是既旋转又移动，可以把旋转和移动两个动作合并成一个动作。

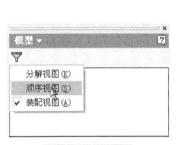

图 6-7　顺序视图

图 6-8　移动顺序

3. 组合顺序

用户还可以把两个零件组合成一个动作。选中要组合的顺序并右击鼠标，在右键菜单中选择"组合顺序"选项，如图 6-9 所示。

4. 调整动作的镜头

每个动作都可以有自己观察角度和显示大小。Inventor 会自动处理镜头的切换。

选择一个动作并右击鼠标，在右键菜单中选择"编辑"选项，如图 6-10 所示。在图形区调整视图，然后单击"设置照相机"按钮，可以调整装配过程的角度和距离，如图 6-11 所示。

图 6-9　组合顺序

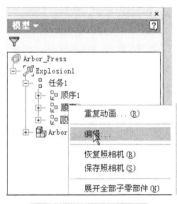

图 6-10　选择"编辑"

图 6-11　编辑任务和顺序

6.2　装　拆　动　画

Inventor 的表达视图功能不仅能正确表达机械设计中机器的装配关系,还能通过动画功能准确地设计机器的装配过程。

1. 动画制作简介

单击"工具"工具面板中"动画制作"按钮 ，弹出"动画"对话框,如图 6-12 所示。

图 6-12　"动画"对话框

"动画"对话框中各项含义如下。

- 间隔:各个零件运动的时间秒数。
- 重复次数:零件动画的反复次数。
- 运动:运动的几种方式,即由分解状态回到装配状态、逐步由分解状态回到装配状态、由装配状态分解、逐步由装配状态分解、分解和复原往返等。

2. 录制动画

(1)单击"录像"按钮 ，弹出如图 6-13 所示对话框。确定保存录像的途径和格式,在文件类型里选择可用于播放的格式(.avi)。

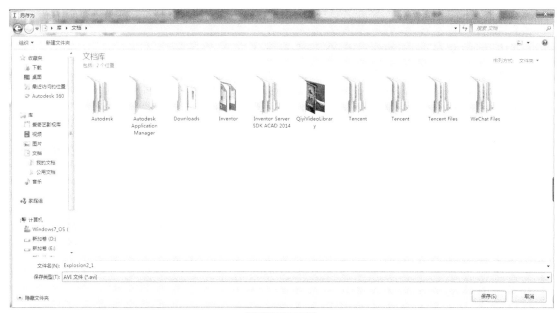

图 6-13　保存

(2)单击右下方的"保存"按钮,弹出"视频压缩"对话框,确定导出的分辨率及压缩格式等,如图 6-14 或图 6-15 所示,有时会出现不同的对话框。

(3)单击录像方式,例如,选取分解状态▶,在指定位置得到可以播放的动画文件。

(4)单击"重置"按钮,完成动画录制。

(5)单击动画文件播放视频。

图 6-14　视频压缩

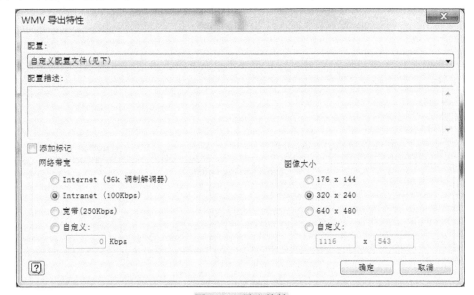

图 6-15　导出特性

3. 应用示例

制作泵体柱塞组件爆炸图。

生成装配体以后无法看见里面的结构以及零部件之间的配合,使用爆炸图即可实现以上要求。爆炸图实际上就是将组装完的装配体,按照一定的次序进行分解,是装拆动画的前序过程。

1)爆炸环境

在"新建"窗口中选择"部件"类型 Standard.ipn ,单击"创建"按钮,进入爆炸环境,如图 6-16 所示,单击"创建视图"按钮,选择要爆炸的装配体。

2)生成爆炸图

爆炸图可以手动生成,也可以自动生成。一般情况下,采用手动生成。

将装配体调出以后,单击"调整零部件位置"按钮,弹出"调整零部件位置"对话框如图 6-17 所示,大多数零件需要使用"移动"命令 ◎ ✎,回转体零件则需要使用"旋转"命令 ○ ✕。以装配体的螺母为例如图 6-18 所示,执行"移动"命令后,将光标放在需要移动的零件的端面上,出现对应得 xyz 坐标,输入合适的移动距离,单击右侧的 ✓ 按钮,每次移动完成后要单击"清除"按钮,对零部件移动,效果图如图 6-19 所示。

图 6-16　爆炸界面

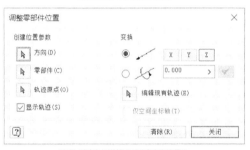

图 6-17　调整零部件位置

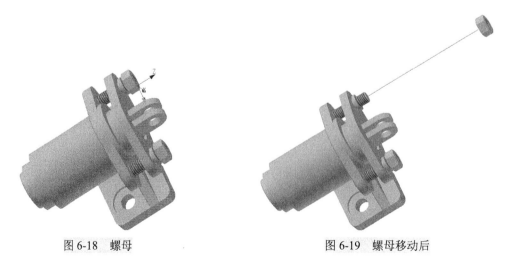

图 6-18　螺母　　　　　　　　　　　　　　图 6-19　螺母移动后

　　以上介绍的是一个完整零部件的拆分过程。其他零部件均按照该步骤拆分。最后拆分效果如图 6-20 所示。

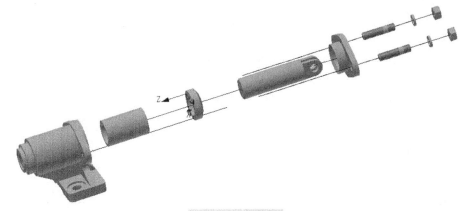

图 6-20　拆分效果

用户也可以按照自动生成爆炸图的方法将装配体调出，单击"创建视图"按钮，单击对话框中的"自动"按钮，如图 6-21 所示，在右侧输入合适的拆分距离，然后单击"确定"按钮。

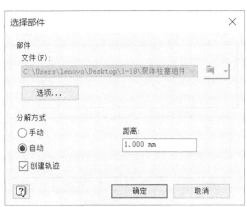

图 6-21　自动拆分

自动拆分操作简单，拆分效果如图 6-22 所示。如果零部件较复杂，用自动分解会形成很乱的零部件位置，宜用手动。

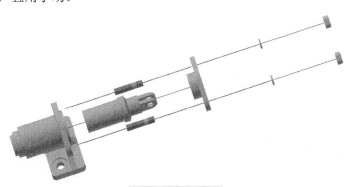

图 6-22　自动拆分

6.3　上机指导

本节以制作泵体柱塞组件装拆的动画过程为例来介绍上机过程。

装拆动画演示组装体的组装和拆分过程，可以清晰表达组装体的工作原理、各零部件的配合关系，也可以表达组装体零部件的组装顺序和安装步骤。

1. 装拆动画环境

在"新建"窗口中选择"部件"类型 ，单击"创建"按钮，进入爆炸环境，如图 6-23 所示，生成装拆动画的前面几个步骤要有爆炸图的铺垫。

图 6-23　爆炸界面

2. 装拆动画制作

(1)将组装体拆分如图 6-24 所示，单击"动画制作"按钮，弹出"动画"对话框如图 6-12 所示。

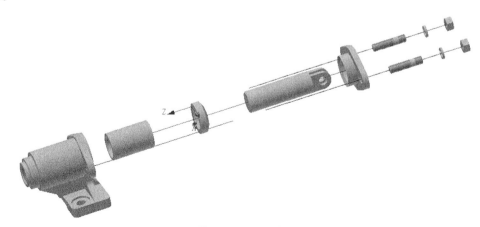

图 6-24　组装体拆分

（2）单击"录像"按钮 ⊙ ，导出特性就按照默认格式，将其保存在需要的文件里，返回 Iventor，单击"自动反向"按钮 ⋈ ，组装体装拆动画就会自动保存在之前的动画文件里面。

（3）装拆动画完成后单击"重置"按钮，完成动画制作。

6.4　操作练习

在第 3 章的操作练习中有截止阀、换向阀、定滑轮和泵体柱塞的全套零件图，读者根据零件图创建的模型组装成部件，并做出部件爆炸图和装拆动画视频。

第7章 钣金造型

　　钣金就是厚度均一的金属薄板，通过一些加工方法，将其加工成符合应用要求的零件。钣金成型是将钣金的凭证区域弯曲某一角度，即圆弧状、拉伸、扭转等形成的过程。钣金展开是将成型的钣金件展开成平面薄板的过程。

7.1 钣金环境

1. 进入钣金环境

钣金零件设计环境如图 7-1 所示。在 Inventor 中创建钣金零件可以使用两种方式。

图 7-1　钣金环境的界面

　　(1)创建一般零件，然后选择"转换"→"钣金"，将弹出提示对话框，确认后就进入钣金零件设计环境。

　　(2)在"新建"窗口中双击钣金模板 Sheet Metal.ipt 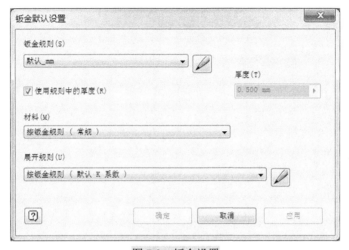，进入钣金零件设计环境。

2．钣金默认设置

　　钣金样式是确定钣金模型的基本参数，这些参数将成为后续设计的默认值。在钣金设计之前，需要设置有关参数。在工具面板上单击 ，进入如图 7-2 所示对话框。

图 7-2　钣金设置

7.2　钣 金 建 模

1．平板

　　以草图轮廓为基础，按照当前的参数，创建一块平板。绘制草图后，在工具面板上单击"平板"按钮 ，弹出"面"对话框如图 7-3 所示。

图 7-3　"面"对话框

2. 异形板

异形板是将"边"沿着弯折路径草图生长出弯曲的钣金结构，也可以作为模型的第一个特征。绘制草图后，在工具面板上单击"异形板"按钮 ，打开"异形板"对话框如图 7-4 所示。

3. 修剪

以指定的草图轮廓，对现有板特征冲型孔。绘制草图后，在工具面板上单击"修剪"按钮 ，打开"剪切"对话框如图 7-5 所示。

图 7-4 "异形板"对话框

图 7-5 "剪切"对话框

4. 凸缘

在已有板的基础上，以选定的边或回路为界，实现与边长相关的矩形弯折特征。在工具面板上单击"凸缘"按钮 ，打开"凸缘"对话框如图 7-6 所示。

5. 卷边

在工具面板上单击"卷边"按钮 ，打开如图 7-7 所示为"卷边"对话框。

6. 折叠

在已经有板的基础上，以一条草图直线为折弯线来翻折钣金平板。绘制草图后，在工具面板上单击"折叠"按钮 ，打开"折叠"对话框如图 7-8 所示。

图 7-6　"凸缘"对话框

图 7-7　"卷边"对话框

图 7-8　"折叠"对话框

7. 折弯

在已有两块钣金平板(尚未有任何连接结构)之间,创建折弯连接部分。在工具面板上单击"折弯"按钮 ,打开"折弯"对话框如图 7-9 所示。

8. 拐角接缝

在创建了具有拐角的钣金模型之后,处理拐角的结构关系,以便完成拐角释压工艺结构。在工具面板上单击"拐角接缝"按钮 ,打开"拐角接缝"对话框如图 7-10 所示。

9. 拐角圆角

在钣金零件的、与厚度方向平行的棱边上添加圆角。在工具面板上单击"拐角圆角"按钮 ,打开"拐角圆角"对话框如图 7-11 所示。

10. 拐角倒角

在钣金零件的、与厚度方向平行的棱边上添加倒角。在工具面板上单击"拐角倒角"按钮⬠，打开"拐角倒角"对话框如图 7-12 所示。

图 7-9　　"折弯"对话框

图 7-10　　"拐角接缝"对话框

图 7-11　　"拐角圆角"对话框

图 7-12　　"拐角倒角"对话框

11. 创建展开模式

在钣金模式下的投影工具是将指定的轮廓以当前草图所在面为基面，按展开后的结果线条投影到草图上。

在工具面板上单击"创建展开模式"按钮⬚，得到展开的钣金零件，如图 7-13 所示。

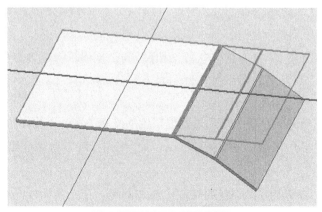

图 7-13　　钣金投影展开模式

7.3 钣金展开与普通零件间的转换

1. 钣金展开

钣金件绘制完后，一般都要制作一个展开图，这样才能计算开料尺寸。那么，Inventor钣金件怎样展开呢？在工具面板上单击"转至展开模式"按钮 ，展开后的模型仍然是三维模型，可以对展开模型继续添加特征。

2. 钣金转换

钣金零件与普通零件之间可以转换，在"设置"中选择"转换为标准件"，钣金零件与普通零件环境可以相互转换，如图 7-14 所示。

图 7-14 钣金件与普通零件间的转换

7.4 上 机 指 导

设计一个钣金零件，该零件的造型过程涉及 Inventor 的大部分钣金功能。

【操作方法】

(1)启动一个钣金模板，设计第一个草图，如图 7-15 所示。

(2)完成草图，单击"平板"按钮 ，选择默认配置，创建第一特征。

(3)单击"凸缘"按钮  ，如图选择一条边创建凸缘，设置距离为 5mm，度角为 90°，如图 7-16 所示。

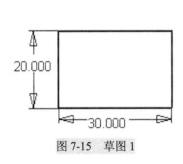

图 7-15 草图 1

图 7-16 "凸缘"对话框

(4)再次单击"凸缘"按钮，创建另一条边的凸缘，选择"终止方式"类型为"宽度"。注意，选择偏移的起始点，如图 7-17 所示，创建钣金效果如图 7-18 所示。

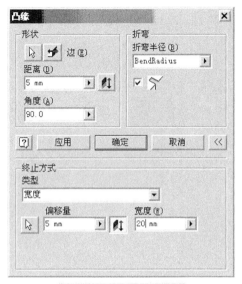

图 7-17　"凸缘"对话框

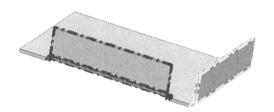

图 7-18　效果 1

（5）单击"卷边"按钮 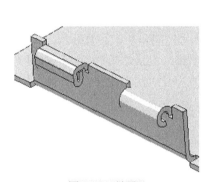，以不同的样式：双层和滚边形各卷一次，效果如图 7-19 所示，"卷边"对话框如图 7-20 所示。

图 7-19　效果 2

图 7-20　"卷边"对话框

（6）在第一钣金面的上表面创建草图如图 7-21 所示。

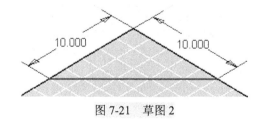

图 7-21　草图 2

（7）单击"折叠"按钮 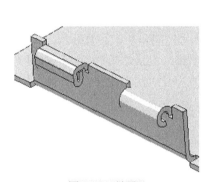，按如图 7-22 所示参数翻折，得到钣金效果如图 7-23 所示。

图 7-22　"翻折"对话框

图 7-23　效果 3

(8)在折叠侧添加两次凸缘,将距离分别设置为 10mm 和 5mm,得到钣金效果如图 7-24 所示。

(9)单击"拐角接缝"按钮 ，选择两条凸缘边,如图 7-25 所示,生成钣金效果如图 7-26 所示。

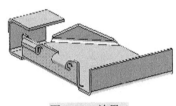

图 7-24　效果 4

图 7-25　"拐角接缝"对话框

(10)单击"转至展开模式"按钮 ，得到展开的钣金效果如图 7-27 所示。

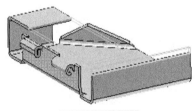

图 7-26　效果 5

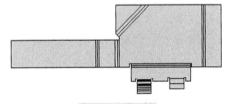

图 7-27　效果 6

第 8 章　Inventor Studio 静态渲染和动画

教学目标

通过本章的学习，读者能够制作实体的静态渲染图片，根据需要对产品进行功能动画展示。动画表现包括零部件动画、约束动画、位置动画、参数动画、淡显动画、照相机动画和灯光动画等。

教学内容

- 渲染图片
- 零部件动画
- 约束动画
- 参数动画
- 位置动画
- 照相机动画
- 淡显动画
- 动画制作

8.1　Inventor Studio 静态渲染

Inventor Studio(简称 IS)是随 Autodesk Inventor R10 以来发布的一个新功能，它是嵌入在 Inventor 中的一个附加模块，主要提供渲染图片和制作动画的功能。静态渲染是其中的一项功能，在 lnventor Studio 环境中完成。

8.1.1　Inventor Studio 简介

用户利用 Inventor Studio 可以对 Inventor 创建的零件及装配件进行静态渲染、表现材质、光学折射和反射，生成具有真实效果的渲染图片，还可以对装配件制作功能动画效果，模拟在结构可能条件下所有的复杂而连续的运动，并形成多媒体文件。用户可以直观地查看最终的设计效果。

因为 Inventor Studio 功能被嵌入到 Inventor 中，与 Inventor 共享一些菜单和命令，所以不需要另外设置环境属性，使用非常方便。

用户可以打开装配和零件环境，单击"环境"菜单，选项进入 Inventor Studio 环境，如图 8-1 所示，也可以根据设计过程中的需要在装配、零件环境与 Inventor Studio 环境之间进行切换。

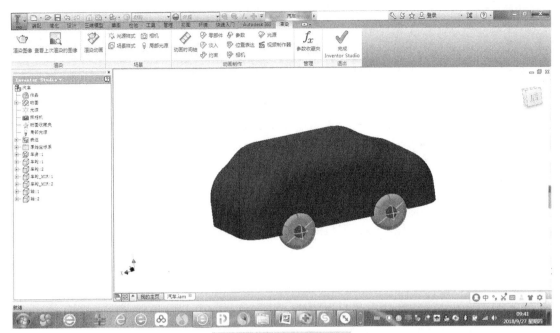

图 8-1　Inventor Studio 环境

静态渲染功能仅对 Inventor 创建的装配和零件有效，也就是说，只有当打开 Inventor 中的这两类文件时动画渲染功能才可被应用。

1. 工具面板

Inventor Studio 的功能特征分为两部分：渲染特征和动画特征，如图 8-2 所示。"场景"和"动画制作"的功能后面有详细介绍。

图 8-2　工具面板

2. Studio 浏览器

工具面板的下面是 Inventor Studio 环境的浏览器，提供了访问对象及渲染动画中的一些相关操作。浏览器中主要的节点包括动画、表达和原始坐标系。在原始坐标系节点有零件或装配件的简化模型层次结构。对于装配件文件，浏览器分层显示整个的装配件文件。其中包括用于动画的约束，每个约束附属于需要它的对象的结构层下，如图 8-3 所示。

3. 默认右键菜单命令

Inventor Studio 大多数命令可以单击鼠标右键以快捷菜单形式调用。光源样式下的每一个光源，在浏览器中的右键菜单命令的功能与光源图形在图形窗口中的右键菜单命令是一致的，视角节点也是如此。对当前视图添加光源或者视角之后，视图中就会出现相应的图形符号，用户利用右键菜单中的命令可以进行相关操作，如编辑或者删除所选中的图形符号等。

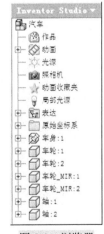

图 8-3　浏览器

图 8-4　选择下拉菜单

特别提示： 在对光源图形和视角图形进行右键菜单命令的操作时，必须先将 Inventor 标准中的"选择"设置成"特征优先"，否则图形窗口上的光源图形和视角图形不能被选中，如图 8-4 所示。

8.1.2　渲染特征选项

Inventor Studio 的渲染功能特征是指表面材质、灯光场景及视角等设置，对一个对象进行渲染得到具有仿真效果的展示图片。渲染特征包含三种样式特征：外观和材质、光源样式、场景样式。

1．渲染特征的主要功能

(1)外观和材质：可编辑对象的外观颜色和材质等。

(2)光源样式：一组光源样式可包含多个光源。常用光源类型有三种，分别为平行光源、点光源和聚光灯。

(3)场景样式：选择背景颜色、图片、水平或竖立投影基准面去定义一个场景样式。

(4)照相机：通过正视图法和透视图法创建不同的视角。

(5)渲染图像：它的设置包括图片分辨率、当前激活视角、样式的选择及抗锯齿效果等。

(6)查看上一个图像：就是查看上一个渲染的图像。

2．常用光源设置

常用光源有平行光、点光源和聚光灯，设置注意下面几点。

1)"平行光"设置

平行光是无限远，从给定方向射出平行光(如太阳)。设置平行光源的特性，只有在"常规"选项卡中将光源类型设置为"平行光"时才可用，其他光源关闭。"平行光"角度设置如表 8-1 所示。

表 8-1　"平行光"角度设置

纬度	拖动滑块或输入值，以指定光源偏离 XY 平面的纬度角度。光源的取值范围为-80°～80°
经度	拖动滑块或输入值，以指定光源偏离 YZ 平面的经度角度。光源的取值范围为-180°～180°

2)"点光源"设置

点光源位于世界空间中某个定义位置，平均向各个方向发射光。设置点光源的特性，只有在"常规"选项卡中将光源类型设置为"点光源"时才可用，其他光源关闭。"点光源"的位置设置，如表 8-2 所示。

表 8-2　"点光源"位置设置

位置	指定光源位置的 X、Y 和 Z 坐标值
衰减	从列表中选择值，以描述光线的减弱和距光源距离的关系："无"、"倒数"或"倒数的平方"
起始距离	指定距光源(从此开始光衰减)的距离(长度值)。选择的"衰减"值为"无"时不可用。默认值为"无"和 0

3)"聚光灯"设置

聚光灯模拟自空间中某一个点(如舞台灯)向特定方向发出的锥形光。只有在"常规"选项卡中将光源类型设置为"聚光灯"时才可用，其他光源关闭。"聚光灯"位置设置如表 8-3 所示。

表 8-3　"聚光灯"位置设置

位置	指定光源位置的 X、Y 和 Z 坐标值
目标	指定光源目标的 X、Y 和 Z 坐标值
衰减	从列表中指定值，以描述光线的减弱和距光源距离的关系："无"、"倒数"或"倒数的平方"
起始距离	指定距光源(从此开始光衰减)的距离(长度值)。选择的"衰减"值为"无"时不可用。默认值为"无"和 0
聚光角	指定聚光灯的角度。角度范围为 1°～150°，默认为 45°
衰减角	指定聚光灯的衰减角度。角度范围为 1°～150°，默认为 50°

3. 渲染特征的编辑

1) 更改样式

(1) 在"渲染图像"对话框中，单击"选择输出尺寸"，然后从"分辨率"菜单中选择"640×480"。用户可以根据需要调整模型的尺寸和视图使之适合渲染矩形。

(2) 从"光源样式"下拉菜单中选择"桌面"。

(3) 在"输出"选项卡中选择"高反走样"选项，然后单击"渲染"按钮。

(4) 渲染过程需要一些时间。如果不希望等待模型完成渲染过程，单击"取消渲染"按钮。

2) 更改外观

(1) 在图形窗口或浏览器中，选择"Arbor_Frame"零部件，然后从"外观替代"下拉列表中选择"铝(铸造)"。该列表位于 Autodesk Inventor 窗口顶部的标准工具栏中，其中显示当前外观选择。

(2) 单击"渲染图像"按钮。

(3) 从"分辨率"菜单中选择"320×240"。

(4) 选择"输出"选项卡，将"反走样"更改为"低反走样"。

(5) 单击"渲染"按钮。

3) 保存图像

(1) 单击"保存渲染的图像"按钮。

(2) 浏览至相应的目录，并指定文件名。

(3) 从"另存为类型"菜单中选择一种文件类型，单击"保存"按钮。

用户可以在文件中直接使用渲染的图像，也可以在图形编辑软件的应用程序中进一步编辑图像。

(4) 关闭"渲染输出"窗口。

4) 图像范围

(1) 在"渲染图像"对话框中选择"常规"选项卡。

(2) 在"宽度"字段中输入"800"，在"高度"字段中输入"600"。

(3) 确保没有选中"锁定纵横比"复选框。

(4) 查看结果。

特别提示：程序将在图形窗口中由矩形定义的空间内渲染图像。在此例中，将在图形窗口的底边处投射反射。使用不同的分辨率并调整模型视图，根据需要设置用于反射和阴影效果的空间。

5) 渲染

(1) 在功能区上，单击"渲染"选项卡"渲染"面板中的"渲染图像"按钮。

(2) 确保在"照相机"菜单中选中"当前视图"复选框。

特别提示：由于当前窗口的纵横比可能与用户渲染定义的纵横比不一致，因此 Autodesk Inventor 将在图形窗口中绘制一个矩形以显示要渲染的区域。在创建渲染之前，可以调整视图。

(3)确保在"光源样式"菜单中选中"桌面上方"复选框。

(4)单击"渲染"按钮。程序根据选择的样式和与渲染区域相关的模型尺寸来渲染模型。

8.1.3　渲染实例

图 8-5　半球支架模型

下面通过图 8-5 所示模型，向大家介绍如何使用渲染功能。这是一个半球支架模型，是由 Inventor 创建的一个由斜杆和半球底座两部分组成的模型，下面来对它进行渲染操作。

1. 渲染前的准备

在菜单栏中依次选择"文件"→"项目"选项，选定"使用样式库"开关，右击鼠标并在右键菜单中选择"是"选项。

特别提示：当"使用样式库"开关被打开后，Inventor Studio 中的样式就作为全局样式保存到 Inventor 的样式库中或者作为本地样式保存到当前激活的文档中。

2. 材质和外观

(1)给模型添加外观颜色，并制定材质。单击工具面板中的"表面材质样式"按钮，弹出的"材料浏览器"对话框，如图 8-6 所示。

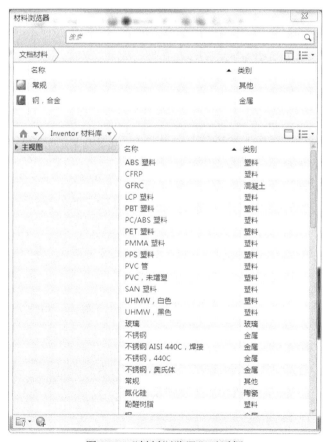

图 8-6　"材料浏览器"对话框

(2)选中斜的部分，在"材质"列表中选择电镀下的钢合金(能从对话框的预览窗口中看到材质的效果)，再单击"外观"列表中选择蓝色。设置下底座为红色，该零件表面效果如图 8-7 所示。

3. 光源样式

光源样式应当理解为光照样式，它所定义的是对象在渲染时的灯光效果。单击"环境"→"Inventor Studio"→"光源样式"按钮，弹出"Studio 光源样式"对话框如图 8-8 所示。

图 8-7　材质和颜色效果

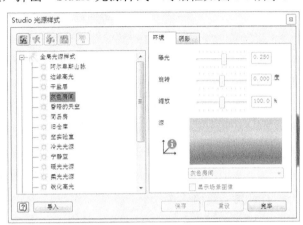

图 8-8　"Studio 光源样式"对话框

1)设置新的光源样式

在"Studio 光源样式"对话框中，单击"新建样式"按钮，在弹出的新样式名对话框中修改名称为"新光源"，在"光源样式"列表中把新建的样式展开，发现它包含几个光源节点，用户可以对这些光源节点进行修改。

打开平行光，关闭点光源和聚光灯，如图 8-9 所示。

2)设置和修改光源的"目标"和"位置"

单击"常规"中的"放置"区域的目标和位置。然后单击球杆上部作为光源的目标，再沿着方向线确定一个光源的位置，选择"保存"选项，这样就创建了一个光源，如图 8-10 所示。接着在图形窗口中选中新创建的"目标"或"位置"光源图形的图标，弹出"三维移动/旋转"对话框。光源图形的"目标"和"位置"可以通过此对话框进行调整。

图 8-9　光源样式设置

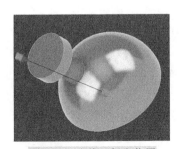

图 8-10　光线目标和位置

3）设置照明强度

选择"照明"选项卡，设置整个光照样式下环境光的强度为 75，光线颜色为粉红色，如图 8-11 所示。

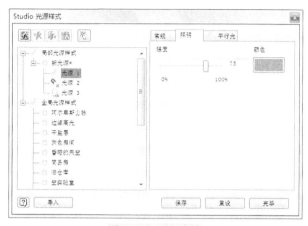

图 8-11　强度设置

4）设置光线的角度

选择"平行光"选项卡，设置整个光线经度(水平角度)和纬度(垂直角度)，如图 8-12 所示。

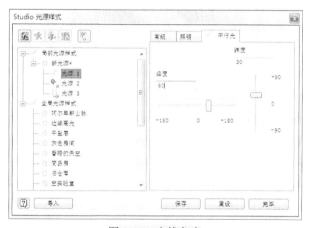

图 8-12　光线角度

5）设置新光源属性

选中新光源，分别选择"环境"和"阴影"选项卡，在选项卡中修改参数，如图 8-13 和图 8-14 所示。最后单击"保存"按钮退出。

6）激活新建的光源样式"新光源"

一个样式被激活相当于被应有于一个物体上，激活后该样式名将被加粗显示在列表中，其名字后面会增加一个"＊"号同时在图形窗口可以对该光源样式进行预览且在浏览器中被显示。

说明：若在图形窗口中改变了光源的位置，属性页上的值也会随着变化，其中的衰退只对点光源和聚光灯有效。

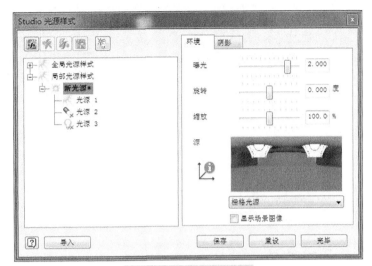

图 8-13　"环境"选项卡

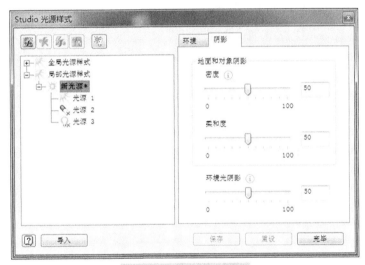

图 8-14　"阴影"选项卡

4. 场景样式

场景样式应当理解为场景背景颜色,以及阴影和反射的强度和效果,它所定义的是对象在渲染时的周围效果。单击"环境"→"Inventor Studio"→"场景样式"按钮,弹出"场景样式"对话框。

(1)背景颜色设置。在"场景样式"对话框中,单击"新建"按钮 ![icon],在列表框中出现"默认 1"名称,右击"默认 1"重命名,命名以后再右键激活。背景颜色可以选单色和双色渐变。此处设置的背景样式是单色(果绿色),如图 8-15 所示。

(2)环境设置。选择"环境"选项卡,选择阴影、反射及强度,还要选择承接阴影和反射图像的平面,在"方向"中选择。可以选择地平面和竖立面,根据选择的平面不同,阴影和反射的效果不同。一般选择地平面,如图 8-16 所示,单击"保存"按钮。

图 8-15　背景颜色

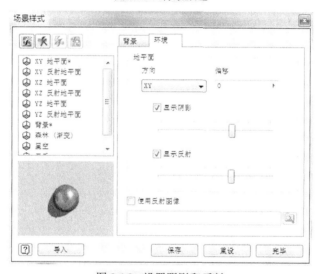

图 8-16　设置阴影和反射

5. 增加照相机（视角）

创建一个照相机，即创建一个观察的视角，用户可以通过正视图法和透视图法创建不同的视角。

在图形窗口空白处右击鼠标，在右键菜单中选择"从视图创建照相机"选项，这时图形窗口正中出现一个正方形物体，那就是通过正视图法创建的照相机。右击照相机图形，在右键菜单中选择"编辑"选项，弹出"照相机"对话框（图 8-17），选择透视投影法，选中"链接到视图"复选框，单击"确定"按钮退出。

6. 渲染图像

场景设置的实际效果要在渲染时才能在图形窗口中看到。单击工具面板中的"渲染图像"按钮，弹出"渲染图像"对话框（图 8-18），选择输出尺寸三角按钮，根据需要设置渲染输出图像的宽度和高度，这里选择 800×600，选择光源样式为定义的新光源，选择照相机为定义的"照相机 1"。

图 8-17　照相机设置

图 8-18　"渲染图像"对话框

7．保存渲染结果

单击"渲染"按钮，系统开始渲染过程。保存静态图片渲染，如图 8-19 所示。

图 8-19　"渲染输出"对话框

8.2　动　　画

在机械设计中，三维动画技术可对设备、管路、阀门、基础等进行真实模拟，使机械产品之间的相互关系很容易描绘出来。以动画形式显示各产品零部件之间的相互运动，既能全景浏览又可局部查看，使人们快捷、直观、准确地了解和把握设计方案。更为重要的是，可以在工程建设之前看到"建成实物"，提前发现设计不足并及时改进，从而提高设计效率和质量。在设计投标时，三维动画用于方案介绍，用户可以快速轻松地演示产品的工作情况，展示动态的外观以及它的操作方法，提高设计产品的竞争力。

Autodesk Inventor 提供若干工具、模块来帮助用户实现各种动画功能，主要有工具零部件动画、约束动画、参数动画、相机动画、位置动画、淡显动画等。

8.2.1 动画时间轴

时间轴用于构成动画每个操作的持续时间(以秒为单位)。按顺序播放动画中的操作，或播放在时间轴上指定的操作。打开动画时间轴即可激活最后一个动画。

单击功能区中的"渲染"选项卡→"动画制作"面板→"动画时间轴"按钮，或在"渲染"选项卡的"动画"面板上单击一个"动画"命令。同时显示动画命令和动画时间轴，动画时间轴如图 8-20 所示。

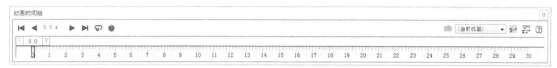

图 8-20　动画时间轴

图 8-20 中各个控件的图标、名称及说明如表 8-4 所示。

表 8-4　动画时间轴图标说明

图标	名称	说明
⏮	转至开始	将当前时间设置为零，这是动画的开始
▶	演示动画	播放动画。在重播期间更改为"停止动画"
■	停止动画	停止播放动画
◀	倒转演示动画	反向播放动画
 1.1 ⟰	当前时间标记	将滑块移至输入的时间位置。接收一位小数的输入，表示十分之一秒的间隔时间
⏭	转至结束	将当前时间移至动画的结束
↻	重复切换	连续循环重复上一个操作。默认加速度为"匀速"
●	录制动画	打开"渲染动画"对话框的"输出"特性页面，可以在其中录制动画的渲染动画
📷	添加照相机操作	使用激活视图的特性，创建在当前时间结束的照相机操作。在"激活照相机"列表框中选择"当前视图"时不可用
 照相机1 ▼	照相机列表	设置重播的激活照相机
🎞	动画选项	打开"动画选项"对话框
⏲	展开/收起操作编辑器	用于显示/隐藏动画操作编辑器和动画浏览器。 ① 操作编辑器：在包含由条形表示的多个操作的电子表格视图中编辑操作时间。可以将每个条形的起始、结束和完成拖至新位置。 ② 动画浏览器：显示包含以下动画内容。 • 照相机。 • 零部件和约束。模型装配层次包括已制作动画的零部件的所有原型，直至顶级部件。 • 用户参数。 可以将约束抑制为操作

8.2.2 零部件动画

零部件动画是利用装配体中的零部件位置约束来达到动画的效果。位置约束可以是直线运动，也可以是圆周旋转运动。

【操作方法】

(1)打开一个装配体，如"轴组合"。

(2)在浏览器中，展开"轴组合"，然后抑制每个约束。若要抑制约束，则在该约束上右击鼠标，在右键菜单中选择"抑制"选项。

(3)单击"环境"选项卡→"开始"面板→"Inventor Studio"按钮。

(4)单击浏览器里的动画并右击鼠标，在右键菜单中选择"新建动画"选项，并命名为"零部件动画"，再次右击鼠标并在右键菜单中选择"激活"选项(后面简称右键激活)。

(5)单击"渲染"选项卡→"动画制作"面板→"零部件"按钮，弹出对话框如图 8-21 所示。

图 8-21　动画制作

(6)单击"零部件动画制作"对话框中的"操作"区域中的"位置"按钮。

(7)选择"三维移动/旋转"命令的"Z 轴"杆(该杆与轴线平行)，在"Z 轴"文本框中输入"50mm"，如图 8-21 所示。

注意：选择该杆绕轴旋转，选择箭头沿轴方向拖动。

(8)单击"确定"按钮，回到零部件动画制作，在时间区域结束文本框输入"5.0s"，单击"确定"按钮。

(9)定义动画总时间，如图 8-22 所示。

(10)查看动画效果，如图 8-23 所示。

(11)录制动画。

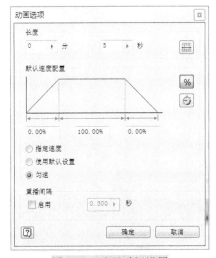

图 8-22　动画时间设置

图 8-23　移动效果

8.2.3　约束动画

约束动画是通过改变装配体中的约束参数来生成一些直观、形象的动画。下面以实例来介绍操作过程。

【操作方法】

(1)打开一个装配体，如"轴组合"，装配体有足够的约束。

(2)单击"环境"选项卡→"开始"面板→"Inventor Studio"按钮　。

(3)选择浏览器里的动画并右击鼠标，在右键菜单中选择"新建动画"选项，并命名为"约束动画"，右键激活。

(4)单击"渲染"选项卡→"动画制作"面板→"约束"按钮　。

(5)选择要制作动画的约束。在浏览器中展开"轴组合 2"零部件节点，然后选中名为"角度(0.00 度)"的约束。

(6)若要使小轴旋转，需要指定约束值和值更改变化所在的时间范围。在"约束动画制作"对话框的"操作"区域选择"结束"字段中的值，并将其替换为值"720deg"。

在"操作"区域选择"约束"，可以为选中的约束制作动画；选择"抑制"，则在"时间"区域只能选择"即时"，输入时间点后，在这个时间点之后约束将被抑制；同理，选择"启用"，在输入的时间点后约束将被启用。

在"时间"区域，设置动画的时间段。

● 自上一个开始：在上一个操作结束时开始转换，这是默认时间设置。

● 指定：指定设置开始转换的时间标记。

● 即时：指定无持续时间的即时操作。

(7)在"时间"区域"结束"文本框输入"5s"，单击"确定"按钮，如图 8-24 所示。

(8)定义动画总时间。动画总时间要和设置的时间吻合。

(9)查看动画效果。

(10)录制动画。

图 8-24　约束动画

8.2.4　淡显动画

使用淡显动画功能可以使装配体中的任一个零件以透明方式呈现，透明程度的选择范围为 0～100，通常把装配体最外面的零件淡显透明后，可以看到装配体里面的零件。

(1)打开一个装配体，如"轴组合"。

(2)单击"环境"选项卡→"开始"面板→"Inventor Studio"按钮。

(3)单击浏览器里的动画并右击鼠标，在右键菜单中选择"新建动画"选项，并命名为淡显动画，右键激活。

(4)单击"渲染"选项卡→"动画制作"面板→"淡入"按钮。

(5)在工具面板上单击"淡显动画制作"按钮，或者在浏览器中选择零部件并右击鼠标，在右键菜单中选择"淡显动画制作"选项，即可打开如图 8-25 所示对话框。

图 8-25　淡显动画

(6)选择所要淡显的零部件(可一次多选)，并输入开始与结束的透明度。范围是 0～100，数值越大，透明度越小。

(7)在"时间"区域输入开始与结束的时间点，被选择的零部件在这段时间内就会出现淡显的动画效果。

特别提示： 在"淡显动画制作"对话框中，当前值用作起始值，用户可以指定终止值并定义时间。设置淡入或淡出转场后，背景将发生渐变，显示出淡显设置的效果。背景越暗，对象越透明。

(8)定义动画总时。

(9)查看动画效果。

(10)录制动画。

8.2.5　参数动画

参数动画是通过改变零部件或装配参数的值，使模型受参数影响的那部分发生变化而产生的动画效果。动画制作的参数可以是模型参数，也可以是用户参数。

1. 注意事项

(1)使用模型参数时必须在参数表中将其设置为输出状态，而用户参数不需要设置。

(2)在 Inventor Studio 环境中，在制作动画参数之前必须先将参数添加到参数收藏夹中，否则 Inventor 会弹出警告，如图 8-26 所示。

图 8-26　弹出警告

2．参数动画制作

(1)在零部件环境中，把模型参数在参数表中设置成输出状态。

(2)在 Inventor Studio 工具面板上单击"参数收藏夹"按钮，找到需要的参数，将其选中即可，如图 8-27 所示。

(3)在 Inventor Studio 工具面板上单击"参数动画制作"按钮，或选择动画收藏夹下的参数并右击鼠标，在右键菜单中选择"参数动画制作"选项，即可打开"参数动画制作"对话框，如图 8-28 所示。

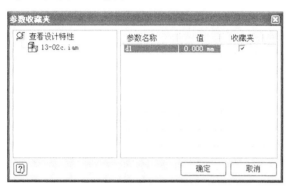
图 8-27　参数收藏夹

图 8-28　"参数动画制作"对话框

(4)在"操作"区域，选择用于制作的参数(如果是在动画收藏夹下的参数，在右键菜单中选择"参数动画制作"选项进入此对话框，这一选项是默认的)，然后输入开始与结束的值。

(5)在"时间"区域，设置动画的时间段。

● 自上一个开始：在上一个操作结束时开始转换，这是默认时间设置。

● 指定：指定设置开始转换的时间标记。

● 即时：指定无持续时间的即时操作。

(6)设置动画总时间为 3s，完成后，通过"时间轴"可浏览动画的结果。

(7)制作动画。

3．弹簧的伸缩实例

(1)在零件环境中，使用"螺旋扫掠"工具创建弹簧模型。具体步骤如下。

① 在草图环境创建如图 8-29 所示草图几何图元。

② 在特征环境使用"螺旋扫掠"工具创建模型，并设置螺旋规格类型为"转数和高度"，螺距为 10mm，高度为 80mm，如图 8-30 所示。

③ 扫掠结果如图 8-31 所示。

(2)单击管理菜单的 fx 参数，在参数表中将"高度"参数值对应的复选框选中，如图 8-32 所示。

(3)进入 Inventor Studio 环境，打开"fx 参数收藏夹"选项，把这个参数添加进来，如图 8-33 所示。

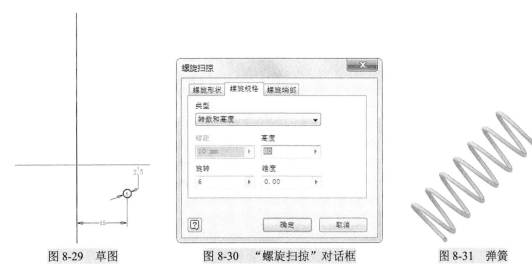

图 8-29　草图　　　　　图 8-30　"螺旋扫掠"对话框　　　　　图 8-31　弹簧

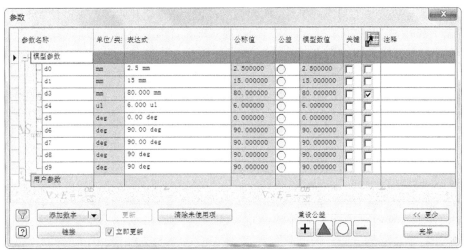

图 8-32　参数表

图 8-33　参数收藏夹

① 新建动画，并命名为"参数动画"，右键激活。

② 在浏览器动画收藏夹中找到要变化的参数。

③ 单击"参数动画制作"按钮，弹出如图 8-34 所示对话框。

图 8-34　"参数动画制作"对话框

④ 选择参与参数动画制作的参数,如弹簧的高度;并设置开始和结束的值,分别为 80mm 和 50mm。

⑤ 在"时间"区域,设置动画的时间段,即 5s 结束。

(4) 设置动画总时间 3s,完成后,通过"时间轴"可浏览动画的结果。

(5) 完成全部设置后,在"时间轴"上单击"演示动画"按钮,查看模型的变化是否符合设计要求。

(6) 制作动画。

8.2.6　照相机动画

相机动画又称视角动画,通过对视角变化的控制来生成视角变换的动画效果。下面通过实例来介绍操作步骤。

(1) 打开一个装配体,如"轴组合"。

(2) 单击"环境"选项卡→"开始"面板→"Inventor Studio"按钮。

(3) 在图形上创建一个照相机,即创建一个观察的视角。在图形窗口空白处右击鼠标,在右键菜单中选择"从视图创建照相机"选项,这时图形窗口正中出现一个正方形物体,那就是通过正视图法创建的照相机。选中照相机图形并右击鼠标,在右键菜单中选"编辑"选项,弹出"照相机"对话框,选择照相机的目标和位置,选择透视投影法,选中"链接到视图"复选框,单击"确定"按钮退出。

(4) 新建动画,并命名为"相机动画",右键激活。

(5) 单击"相机动画",弹出图 8-35 所示对话框,做一下修改。

(6) 选择转盘、旋转轴和转数,指定时间为 5s。图形显示如图 8-36 所示。

(7) 设置动画总时间 3s,单击"确定"按钮后,通过"时间轴"可浏览动画的结果。

(8) 符合设计要求,制作动画。

图 8-35　照相机对话框

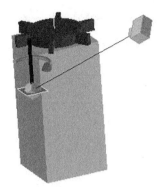

图 8-36　设置效果

8.2.7　位置动画

位置动画是通过设置零件的两个位置，以两个位置变化来制作的动画。下面通过实例来介绍操作步骤。

(1)打开一个装配体，如"杆组合"。

(2)在浏览器的"表达"中找到"位置"，新建"位置"，并命名为"初始位置"。

(3)在浏览器的"关系"中找到两个零件端面的配合关系并右击鼠标，在右键菜单中选择"替代"选项，按弹出图 8-37 所示对话框中的参数进行修改。

(4)再次在浏览器的"表达"中找到"位置"，新建"位置"，并命名为"结束位置"。

(5)在浏览器的"关系"中找到两个零件端面的配合关系并右击鼠标，在右键菜单中选择"替代"选项，按弹出图 8-38 所示对话框的参数进行修改。

图 8-37　替代对象对话框

图 8-38　结束位置

(6)单击"环境"选项卡→"开始"面板→"Inventor Studio"按钮。

(7)单击浏览器中的动画并右击鼠标，在右键菜单中选择"新建动画"选项，并命名为"位置表达动画"，右键激活。

(8)单击"位置表达动画"按钮，在对话框中做以下修改，选择开始位置和结束位置，确定动画时间为 0s，结束时间为 5s，单击"确定"按钮，如图 8-39 所示。

(9)设置动画总时间 3s，单击"确定"按钮，通过"时间轴"可浏览动画的结果。

(10)完成全部设置后，在"时间轴"上单击"演示动画"按钮，查看模型的变化是否符合设计要求。

(11)制作动画。

图 8-39　位置动画

8.2.8　动画制作

动画制作是指在设置好动画效果后，得到一个渲染的动画。下面通过实例来介绍动画的制作。

(1)打开一个装配体文件。

(2)进入动画环境。单击"环境"选项卡→"开始"面板→"Inventor Studio"按钮。

(3)按要求制作好动画后，单击"渲染动画"按钮，弹出图 8-40 所示对话框。在这个对话框中设置高度和宽度，选择照相机和光源样式。

(4)选择"输出"选项卡，参数设置如图 8-41 所示。

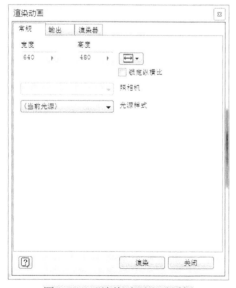

图 8-40　"渲染动画"对话框

图 8-41　"输出"选项卡

(5)选择保存途径和时间范围,单击"渲染"按钮,完成动画制作。

8.2.9 综合动画实例

下面通过实例来介绍如何应用各种动画工具,完善地表达动画效果。

1. 零部件动画

用零部件动画功能拆开这两个零件。

(1)打开一个装配体文件,如图 8-42 所示。

(2)进入动画环境。单击"环境"选项卡→"开始"面板→"Inventor Studio"按钮 。

(3)添加一个照相机。在图形窗口空白处右击鼠标,在右键菜单中选择"从视图创建照相机"选项,再右击鼠标,在右键菜单中选择"编辑"选项,弹出"照相机"对话框,分别单击"目标"和"位置",确定物体和照相机的位置,单击"确定"按钮退出,并保证在"照相机 1"的状态下完成下面所有的动画制作。

(4)单击"渲染"选项卡→"动画制作"面板→"零部件"按钮 ,弹出如图 8-43 所示对话框,按照图示设置参数,确定红色零件向右移动 50mm,时间为 0~3s,单击"确定"按钮。

图 8-42 装配体

图 8-43 零部件动画

2. 零部件动画镜像

在时间轴上编辑刚才制作的零部件动画。选择零部件动画的位置并右击鼠标,在右键选择菜单中选择"镜像"选项,如图 8-44 所示。此时动画时间长度是 6s,装配体完成了打开和关闭的动作。

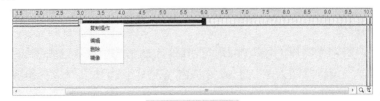

图 8-44 镜像动画

3. 约束动画

用约束动画驱使转盘零件旋转。单击"环境"选项卡→"开始"面板→"Inventor Studio"按钮 。

(1)单击"渲染"选项卡→"动画制作"面板→"约束"按钮 。

(2)选择要制作动画的约束。在浏览器中展开"轴组合 2"零部件节点，然后选择名为"角度(0.00 度)"的约束。

按图 8-45 所示参数修改角度和时间选项，设置角度为 0°～720°，时间为 6～9s。

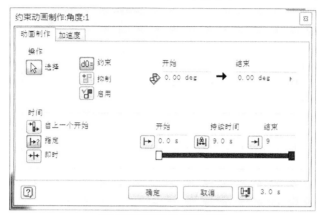

图 8-45　约束动画对话框

4．淡显动画

选中最外面的长方体零件以透明方式呈现，以便观察里面的零件。单击"淡显动画"选项，再单击"零部件"按钮。选中最外面的长方体零件，设置开始为100%，结束为 0，时间为 9～12s，单击"确定"按钮，如图 8-46 所示。

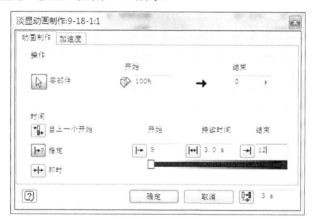

图 8-46　淡显动画

5．淡入动画镜像

在时间轴上编辑刚才制作的淡入动画。选择淡入动画的位置并右击鼠标，在右键菜单中选择"镜像"选项。设置时间为 13～15s，装配体完成了长方体零件透明和恢复着色的动作。

6．照相机动画环绕

打开照相机动画制作对话框，在"转盘"选项卡中选中"转盘"复选框，选择一圈几秒时间，此时设置动画时间为 15～18s，如图 8-47 所示。

7．照相机动画特写

单击"相机动画"选项，弹出图 8-48 所示对话框，单击图中的"照相机"区域的"定义"按钮，弹出图 8-49 所示对话框，选中"链接到视图"复选框，然后放大并旋转图形，单击"确定"按钮。并指定开始和结束时间为 18～20s，单击"确定"按钮。

图 8-47　照相机动画制作

图 8-48　设置相机特写

8．动画制作

单击"时间轴"按钮，确定时间总长为 20s，单击时间轴"渲染动画"按钮，确定高度和宽度，单击"渲染"按钮，动画制作完成。

保存完成的动画，以视频方式即可随时观看。

图 8-49　照相机设置

8.3　上 机 指 导

下面以支撑架为例介绍渲染和动画制作的步骤和方法。

8.3.1　支撑架渲染

通过一个实例来介绍如何使用渲染功能。图 8-50 是一个支撑架模型，它是由底板、上板、支撑板、轴装配起来的模型，下面对它进行渲染操作。

1. 材质和外观

首先给模型添加材料和外观颜色。单击工具面板中的"材料"按钮，选中支撑架，在"材料"列表中选择"铝合金"。再单击"外观调整"按钮对零件调整颜色，该零件表面效果如图 8-51 所示。

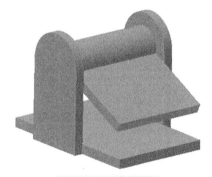
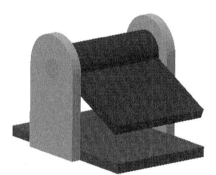

图 8-50　支撑架模型　　　　　　　　　　　　图 8-51　材料和颜色效果

2. 光源样式（光照样式）

（1）设置平行光源样式。单击"新建样式"按钮，在弹出的"新样式名"对话框中修改名称为"平行光"，在"光源样式"列表中把新建的样式展开。打开平行光，关闭点光源和聚光灯，如图 8-52 所示。

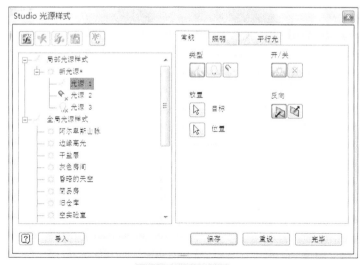

图 8-52　常规设置

　　(2) 设置和修改光源的"目标"和"位置"。单击"新建灯光"区域的目标和位置。然后单击支撑架上部作为光源的目标，再沿着方向线确定一个光源的位置，选择确定后即可创建一个光源，如图 8-53 所示。

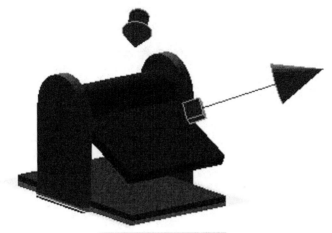

图 8-53　光线目标和位置

　　(3) 设置照明强度。

　　选择"照明"选项卡，设置整个光照样式下环境光的强度为 75，光线颜色为粉红色，如图 8-54 所示。

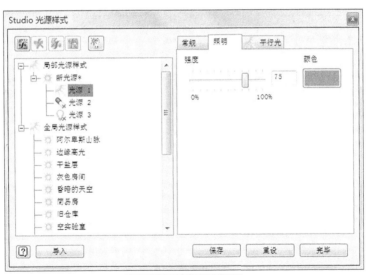

图 8-54　设置照明强度

3. 场景样式

　　(1) 设置背景。选择 Inventor Studio，单击"场景样式"按钮，弹出"场景样式"对话框，这里选择背景为绿色和白色的双色渐变色，如图 8-55 所示。

图 8-55 　设置背景颜色

(2)设置阴影和反射。选择"环境"选项卡，选择阴影、反射及强度，选择地平面作为阴影承接面，单击"保存"按钮，如图 8-56 所示。

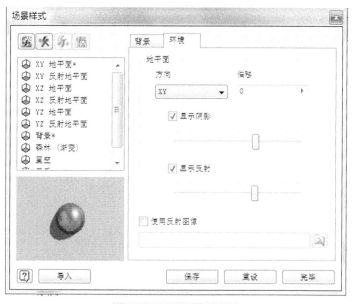

图 8-56 　设置阴影和反射

4. 渲染图像

单击工具面板中的"渲染图像"按钮，弹出"渲染图像"对话框，单击"输出尺寸"按钮，根据需要设置渲染输出图像的宽度和高度，这里选择 800×600，设置光源样式为定义的平行光，选择背景，开始渲染并保存，效果如图 8-57 所示。

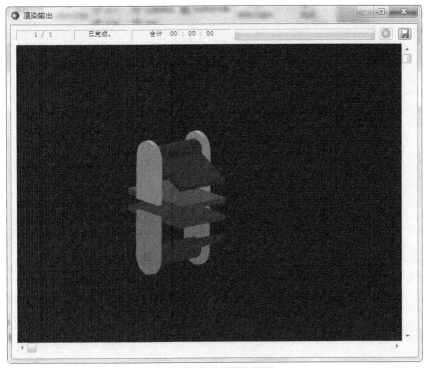

图 8-57　渲染输出效果

8.3.2　支撑架动画制作

下面通过实例来介绍如何应用各种动画工具，完善表达动画效果。如图 8-58 所示支撑架装配休用下面七种表达方式。

1. 零部件动画

用零部件动画表达轴的左右移动。

(1)打开一个支撑架装配体文件。

(2)进入动画环境。单击"环境"选项卡→"开始"面板
→"Inventor Studio"按钮　。

(3)添加一个照相机。在图形窗口空白处右击鼠标，并在
右键菜单中选择"从视图创建照相机"选项，再右击鼠标，
并在右键菜单中选择"编辑"选项，弹出"照相机"对话框，
分别单击"目标"和"位置"，确定物体和照相机的位置，单

图 8-58　装配体

击"确定"按钮退出，并保证在"照相机 1"的状态下完成下面所有的动画制作。

(4)先抑制上板和轴的约束。单击"渲染"选项卡→"动画制作"面板→"零部件"按钮　。

(5)单击"零部件动画制作"对话框的"操作"区域中的"位置"。

(6)选择"三维移动/旋转"命令　的"Z 轴"杆(该杆与轴线平行)，在"Z 轴"文本框
中设置值为 50mm，如图 8-59 所示。

(7)单击"确定"按钮，回到零部件动画制作，设置结束时间为 3s，单击"确定"按钮。
设置动画总时间为 20s。确定轴零件向左移动 50mm，设置时间为 0～3s，单击"确定"按钮。

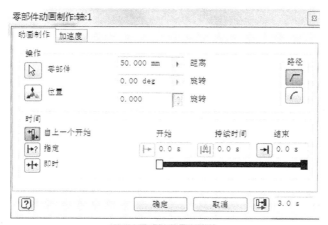

图 8-59　零部件动画

2. 零部件动画镜像

在时间轴上编辑刚才制作的零部件动画。右击零部件动画的位置，在右键菜单中选择"镜像"选项。此时动画时间为 6s，装配体轴完成了左移和右移的动作，如图 8-60 所示。

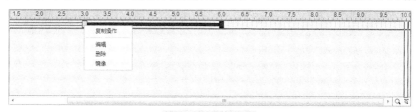

图 8-60　镜像动画

3. 约束动画

用约束动画驱使上板零件旋转。

(1)单击"渲染"选项卡→"动画制作"面板→"约束"按钮 ✐。

(2)选择要制作动画的约束，在浏览器中展开"支撑架"零部件节点，然后选择上板名为"角度(-155 度)"的约束，右击鼠标，在右键菜单中选择"抑制"选项。

(3)设置角度和时间。设置角度为 0°～155°，时间为 6～8s，如图 8-61 所示。

图 8-61　约束动画对话框

4．约束动画镜像

在时间轴上编辑刚才制作的约束动画，右击鼠标，在右键菜单中选择"镜像"选项。此时动画时间长度为 8～10s，装配体上板完成了左转和右转的动作。

5．淡入动画

用淡显动画使上板透明，可以看见里面的轴零件。

(1)右击浏览器中的动画，在右键菜单中选择"新建动画"选项，并命名为"淡显动画"，右键激活。

(2)单击"渲染"选项卡→"动画制作"面板→"淡入"按钮 。

(3)在工具面板上单击"淡显动画制作"按钮，或者在浏览器中右击零部件，在右键菜单中选择"淡显动画制作"选项，即可打开如图 8-62 所示的对话框。

图 8-62　设置淡显动画

6．淡入动画镜像

在时间轴上编辑刚才制作的淡入动画。右击淡入动画的位置，在右键菜单中选择"镜像"选项。从 10～14s，装配体上板零件完成透明和恢复着色的动作。

7．照相机动画环绕

打开"照相机动画制作"对话框，在"转盘"选项卡中选中"转盘"复选框，选择动画时间为 14～17s，如图 8-63 所示。

图 8-63　照相机环绕动画

8. 照相机动画特写

单击图 8-64 中的"动画制作"的"定义"按钮，出现图 8-65 对话框，选中"链接到视图"复选框，然后放大并旋转图形，单击"确定"按钮。并指定开始时间为 18s，结束时间 20s，单击"确定"按钮。

图 8-64　相机变焦动画　　　　　　　　图 8-65　　链接到视图

9. 动画制作

单击"时间轴"按钮，确定时间总长为 20s，单击时间轴中的"渲染动画"按钮　，确定高度和宽度，单击"渲染"按钮，动画制作完成，如图 8-66 所示。

图 8-66　"渲染动画"对话框

8.4　操作练习

利用第 4 章的装配体制作渲染图像和动画。

第 9 章 产品创新设计

Inventor 2015 的工作流程是灵活的，除了一些基本规则外，没有具体的设置来编制工作流程。用户可以根据个人设计习惯来简单定义 Inventor 应用程序的整体工作流程，如图 9-1 所示。

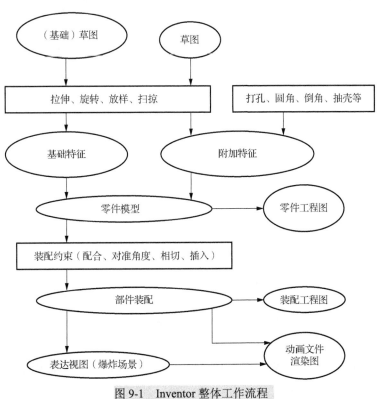

图 9-1 Inventor 整体工作流程

下面将举例说明工业产品设计过程和内容。

9.1　多实体设计

产品设计的最初阶段，零件尺寸不确定，或者零件尺寸需要经常变动，重要的是这些尺寸常常是零件组装的关联尺寸，变动一个零件的尺寸，需要其他装配零件尺寸也跟着变动。因此，我们要按照多实体设计方法进行设计，由一个零件生成关联的其他零件，再由这些零件形成装配。

9.1.1　零件模型

以锤子为例介绍多实体设计过程和方法。重要的是如何由一个零件衍生出其他关联零件，形成一件产品，并且如何更生动形象地表达产品的效果。

1. 锤头模型

锤子由锤头和把手组成，尺寸大小形状自行设计。

单击"新建"按钮进入零件模块，锤头设计如图 9-2 所示。中间是安装把手的椭圆孔。

2. 把手模型

(1)选锤头底面为草图工作面，将椭圆孔投影几何图元，边线呈黄色，完成草图，如图 9-3 所示。

图 9-2　锤头

图 9-3　椭圆孔

(2)拉伸椭圆孔，高度在范围里选到上表面，形成椭圆柱体，选择新建实体，如图 9-4 所示。在浏览器里呈现"实体 2"，如图 9-5 所示。

图 9-4　新建实体

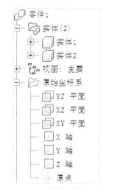

图 9-5　新建"实体 2"

(3)继续完成"实体 2"结构。仍然选底面为草图工作面，投影椭圆几何图形，偏移椭圆，形成新的界面，如图 9-6 所示。

(4)拉伸此截面形成把手。单击"实体"按钮，如图 9-7 所示，在浏览器中选择"实体 2"，此时，把手和"实体 2"是一体的。

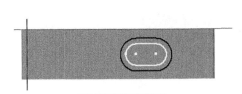

图 9-6　偏移椭圆

图 9-7　选择实体

(5)保存文件。选择"管理"→"生成零部件"按钮，弹出如图 9-8 所示对话框，命名部件为"锤子"，并从浏览器中选择生成的实体，目前有"实体 1"和"实体 2"。

图 9-8　生成零部件

(6)单击"下一步"按钮，弹出图 9-9 所示对话框，给"实体 1"命名为"锤头"，"实体 2"命名为"把手"。这样得到装配体锤子和零件锤头和把手，根据实际情况赋予锤子各部分不同的材质和外观颜色。完成产品设计如图 9-10 所示。

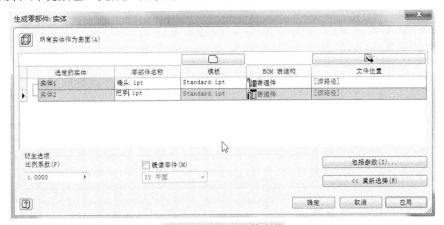

图 9-9　生成零部件实体

图 9-10　锤子

9.1.2　锤子渲染效果

打开"锤子"装配图,单击工具面板上的"环境"→"Inventor Studio"按钮,进入渲染界面,在这个界面中,可以选择光源样式、场景样式、局部光源等进行背景、倒影、灯光等的样式设置,如图 9-11 所示,然后渲染出想要的效果。

图 9-11　场景选项

1. 设置平行光

单击"光源样式"→"新建样式"按钮,重命名并激活。打开平行光,关闭聚光灯和点光源。设置光源的目标和位置,设置光源的照明强度,阴影样式,如图 9-12 所示。

2. 设置背景、阴影和反射

单击"场景样式"按钮,命名并激活。选择地面位置,设置背景颜色,设置阴影和反射的强度,如图 9-13 所示。

图 9-12　光线设置

图 9-13　场景设置

渲染效果如图 9-14 所示。

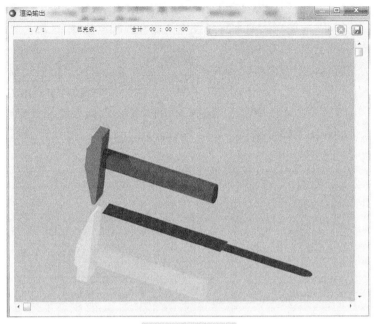

图 9-14 渲染效果

9.1.3 动画制作

对锤子制作动画效果，包括把手移动，环绕一周以及特写镜头。单击工具面板上的"环境"→"Inventor Studio"按钮，进入动画制作界面，如图 9-15 所示。在此界面中可以制作零部件动画、照相机动画、光源动画等多种动画表达。

图 9-15 动画制作

1. 零部件动画

(1)右击左边浏览器中的"动画"，在右键菜单中选择"新建动画"选项，重命名为"零部件动画"，右键选择"激活"选项，如图 9-16 所示。单击"动画制作"栏中的"零部件"，设置不同部件的位置和相应的时间在控制动画的整体效果。首先选择零部件，然后单击"位置"按钮，调整"把手"零部件分离后的位置，再调整开始和结束的时间，如图 9-16 所示。

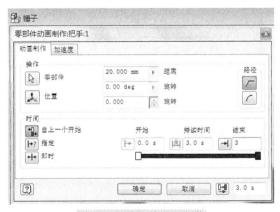

图 9-16 零部件动画制作

（2）动画设置完成后，选择下方"动画时间轴"右边的倒数第三个图标"动画选项"进行时间设置，长度设置为之前选择的整个时间长度，速度改为"匀速"，单击"确定"按钮，如图 9-17 所示。

（3）通过动画时间轴，可以浏览制作的动画，然后单击上方的"渲染动画"按钮，在常规栏中设置画面大小、光源样式、场景样式等信息，在输出栏中将时间范围改为用户所设定的时间范围，如图 9-18 所示。然后单击"渲染"按钮，然后选择存放位置和导出特性（一般就是默认），便可输出制作的零部件动画，如图 9-19 所示。提示：生成视频部件所在位置与事先摆放位置有关。

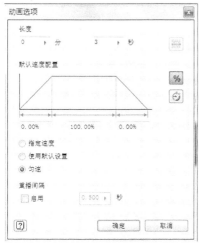

图 9-17 动画选项 1

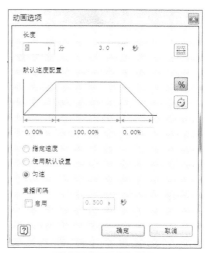

图 9-18 动画选项 2

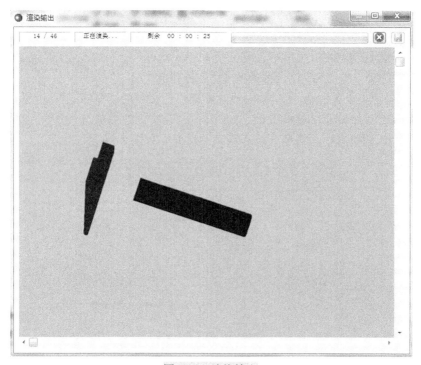

图 9-19 渲染输出

2. 照相机动画

(1)右击左边浏览器中的"动画",在右键菜单中选择"新建动画"选项,重命名为"相机动画",右键激活,然后将节能灯位置摆放规整,右击左边浏览器中的"照相机",在右键菜单中选择"从视图中创建照相机"选项,如图 9-20 所示。

(2)单击"动画制作"栏中的"相机"在动画制作栏中选择"照相机 1",在"转盘"选项卡中选中"转盘"复选框,在"旋转轴"中选择"照相机-H",转数选择 1,设置为合理的时间范围,一般为 5s,单击"确定"按钮完成照相机旋转动画制作,如图 9-21 所示。

图 9-20　创建照相机　　　　　　　　　图 9-21　相机动画设置

(3)局部放大动画通过在动画制作栏中修改照相机的位置,然后设置动画时间,便可完成。

(4)在动画时间轴上选择"照相机 1",然后通过动画时间轴,可以浏览制作的动画。单击上方的"渲染动画"按钮,在"常规"栏中设置画面大小、光源样式、场景样式等信息,在"输出"栏中将时间范围改为用户所设定的时间范围,单击"渲染"按钮,然后选择存放位置和导出特性(一般就是默认),便可输出制作的照相机动画。

9.2　应　急　锤

设计一个户外多功能用具,有零件建模、零件图、零件组装、表达视图以及动画演示。

根据题目要求设计多功能应急锤,该产品用于夜间故障警告及车祸逃生,也可以用于普通照明;多能安全锤设有安全锤,遇事故时可打碎玻璃逃生;割绳刀,遇事故时可割断安全带逃生;警示灯具有独立开关,采用 ABS 塑料制成,如图 9-22 所示。

9.2.1　应急锤零件模型

各个零件设计如下:按键(图 9-23)、玻璃罩(图 9-24)、刀片(图 9-25)、灯(图 9-26)、垫片(图 9-27)、胶垫 1(图 9-28)、胶垫 2(图 9-29)、镜片(图 9-30)、框(图 9-31)、螺钉 1(图 9-32)、螺钉 2(图 9-33)、破窗锤(图 9-34)、上盖(图 9-35)、上壳(图 9-36)、下壳(图 9-37)、主体(图 9-38)。

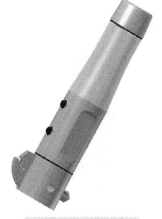

图 9-22　多功能应急锤

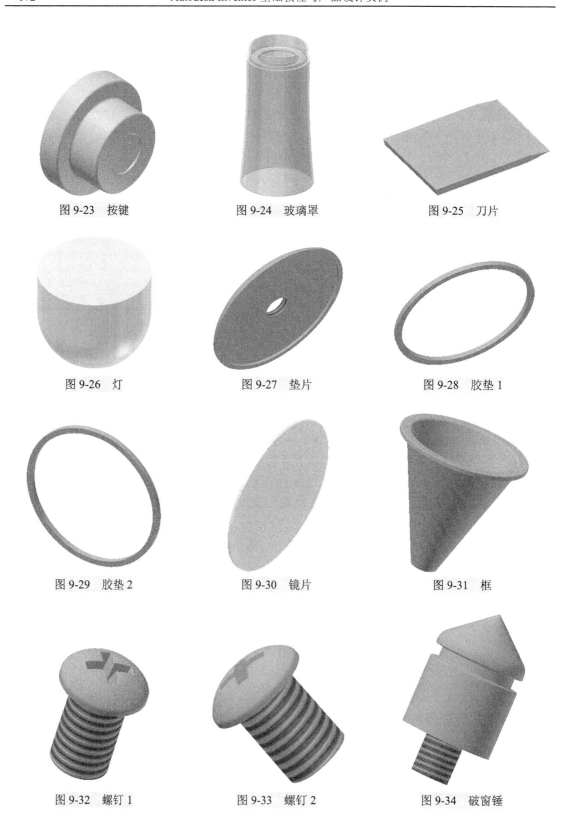

图 9-23　按键　　　　　　　图 9-24　玻璃罩　　　　　　　图 9-25　刀片

图 9-26　灯　　　　　　　图 9-27　垫片　　　　　　　图 9-28　胶垫 1

图 9-29　胶垫 2　　　　　　　图 9-30　镜片　　　　　　　图 9-31　框

图 9-32　螺钉 1　　　　　　　图 9-33　螺钉 2　　　　　　　图 9-34　破窗锤

图 9-35　上盖　　　　　　　　　　　　　图 9-36　上壳

图 9-37　下壳　　　　　　　　　　　　　图 9-38　主体

9.2.2　应急锤渲染效果

对设计的多功能应急锤在 Inventor Studia 中进行渲染，加上灯光、阴影、反射和背景，整体效果如图 9-39 所示。

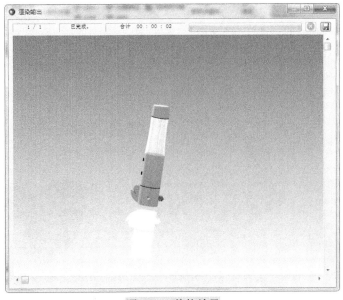

图 9-39　整体效果

9.2.3　应急锤动画展示

对设计的多功能救生锤在 Inventor Studia 中进行动画展示,加上照相机环绕一周,并对局部制作变焦特写。

9.3　移　动　电　源

设计一款外观简洁大方、造型时尚的多功能移动电源——踩着滑板的人,当产品不使用时可以当做艺术品摆放在桌子上,供观赏。"人"的主体为一个移动电源,当我们外出时,把"人"从滑板上拿下来当做移动电源使用。为了使 USB 充电接口方便使用,本产品配有两个USB 接口,"人"手处的接口可以旋转,如图 9-40 所示。

图 9-40　多功能移动电源

9.3.1　移动电源零件建模

各个零件设计如下:移动电源(图 9-41)、旋转接口(图 9-42)、滑轮板子(图 9-43)、插座(图 9-44)、LED 灯(图 9-45)、指示灯(图 9-46)、开关(图 9-47)、滑轮板(图 9-48)。

图 9-41　移动电源

图 9-42　旋转接口

图 9-43　滑轮板子

图 9-44　插座　　　　　　　图 9-45　LED 灯　　　　　　图 9-46　指示灯

图 9-47　开关　　　　　　　　　　　图 9-48　滑轮板

9.3.2　移动电源渲染效果

对设计的多功能移动电源在 Inventor Studia 中进行渲染，加上灯光、阴影、反射和背景，表达整体效果。各个零件装配如图 9-49 所示。

图 9-49　移动电源渲染效果

9.3.3 移动电源动画展示

对设计的多功能移动电源在 Inventor Studia 中进行动画展示，加上照相机环绕一周，并对局部制作变焦特写。

9.4 摄 像 头

如图 9-50 所示为一款名为"蓝牙狗"的摄像头，它是集摄像、播放音乐、充电等功能于一体的电子产品。整体外观精致，结构紧凑小巧，便于随身携带。因造型卡通可爱而深受儿童与青少年欢迎。

产品的蓝牙音响功能，在"蓝牙狗"腹部配有大容量锂电池，可长时间待机播放音乐，腹部有开关按钮，音量在半径 20m 内保持清晰，可随时开关，方便快捷。

产品的摄像功能，巧妙地设计在头部，应用灵活方便。

产品的充电功能，"蓝牙狗"尾部设计充电器接口，该接口与通用手机充电器接头相同，无需特定充电器，所有安卓手机充电器都可以使用，以实现随时随地充电，防止因断电而产生的损失。

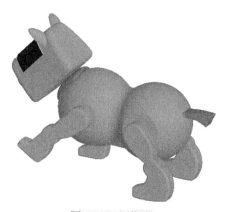

图 9-50　摄像头

9.4.1 摄像头零件模型

各个零件设计如下：摄像头主体(图 9-51)、摄像头(图 9-52)、前腿 1(图 9-53)、前腿 2(图 9-54)、后腿 1(图 9-55)、后腿 2(图 9-56)、按钮(图 9-57)。

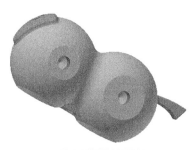

图 9-51　摄像头主体

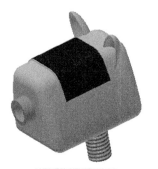

图 9-52　摄像头

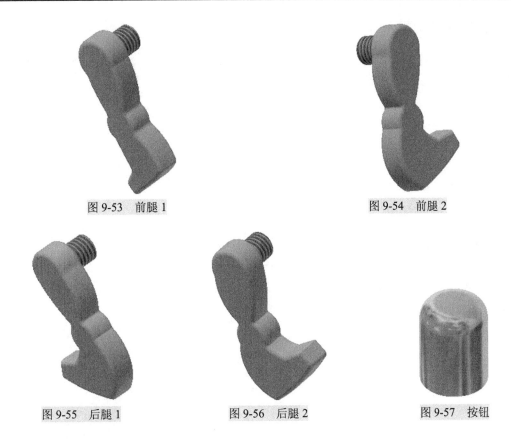

图 9-53　前腿 1　　　　　　　　　　图 9-54　前腿 2

图 9-55　后腿 1　　　　图 9-56　后腿 2　　　　图 9-57　按钮

9.4.2　摄像头渲染效果

对设计的多功能摄像头在 Inventor Studia 中进行渲染，加上灯光、阴影、反射和背景，整体渲染效果如图 9-58 所示。

图 9-58　摄像头整体渲染效果

9.4.3 摄像头动画展示

对设计的多功能摄像头在 Inventor Studia 中进行动画展示，加上照相机环绕一周，并对局部制作变焦特写。

9.5 上 机 指 导

下面以节能灯为例介绍实体设计的过程和方法。节能灯主要由接电端头、连接块和灯管三部分组成，按实际尺寸进行设计。

9.5.1 绘制节能灯模型

1. 绘制接电端头模型

(1)单击"新建零件"进行节能灯设计，首先单击"开始创建二维草图"按钮，在 *XY* 平面绘出接电端头的草图，如图 9-59 所示，在进行"旋转"生成新建"实体 1"，进行接电端头设计，如图 9-60 和图 9-61 所示。

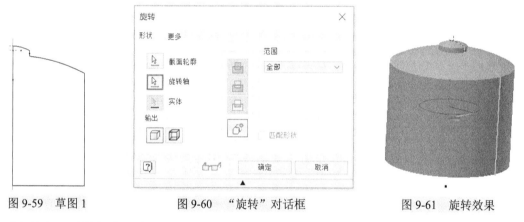

图 9-59　草图 1　　　　　图 9-60　"旋转"对话框　　　　　图 9-61　旋转效果

(2)单击"开始创建二维草图"按钮在 *XY* 平面画出螺纹草图，如图 9-62 所示，然后单击"螺旋扫掠"按钮生成螺纹，然后单击"圆角"按钮设计螺纹圆角，接电端头设计完成，如图 9-63 所示。

图 9-62　螺旋扫掠

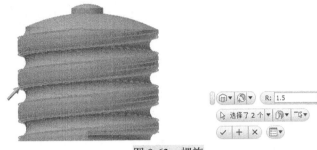

图 9-63　螺旋

2. 绘制连接块模型

(1)在已设计好的接电端头下方，通过"开始创建二维草图"工具在 *XY* 平面绘制连接块的草图，如图 9-64 所示，然后单击"旋转"按钮生成新建"实体 2"，进行连接块设计，如图 9-65 所示。

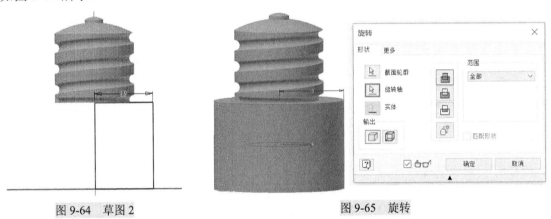

图 9-64　草图 2　　　　　　　　　　　　　　　　图 9-65　旋转

(2)单击"圆角"按钮设计连接块上、下边，在连接块底部利用"开始新建二维草图"工具绘制草图，如图 9-66 所示，进行倒圆角操作，生成灯管接口，连接块设计完成，如图 9-67所示。

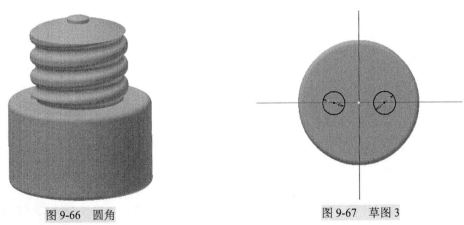

图 9-66　圆角　　　　　　　　　　　　　　　　图 9-67　草图 3

3. 绘制灯管模型

(1)利用"开始创建二维草图"工具在 *XY* 平面绘出灯管螺旋线的起始位置高度，如图 9-68

所示。单击"完成草图"按钮，单击"开始创建二维草图"下拉按钮，选择"开始创建三维草图"选项，在"螺旋曲线"对话框中根据实际尺寸设计螺旋曲线参数，然后单击"确定"按钮，如图 9-69 所示。

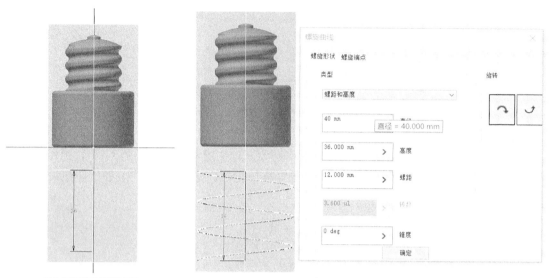

图 9-68　螺旋曲线　　　　　　　　　　　　图 9-69　螺旋曲线设置

（2）生成螺旋线之后，单击"完成草图"按钮，单击"平面"下拉按钮，选择"平行于平面且通过点"选项，平行于 XZ 平面过螺旋曲线起始点和终止点生成两个平面，如图 9-70 所示。

（3）在生成的两个平面中绘制出平滑的曲线与螺旋曲线相连接，在 YZ 平面绘制平和的曲线连接两平面内的曲线，构造出灯管的主要轮廓，如图 9-71 所示。

（4）单击"平面"下拉按钮，选择"在指定点处与曲线垂直"选项，选择灯管曲线的一点，然后在该平面上绘制灯管直径，利用"扫掠"工具生成灯管新建"实体 3"，灯管设计完成，如图 9-72 所示。

图 9-70　新建工作面　　　　　图 9-71　曲线端头　　　　　图 9-72　扫掠

4. 生成零部件

单击工具面板上的"布局"→"生成零部件"按钮，选择"实体 1""实体 2""实体 3"，修改目标部件名称为"节能灯.iam"，如图 9-73 所示。单击"下一步"按钮，将"实体 1""实体 2""实体 3"的名称分别改为"接电端头.ipt""连接块.ipt""灯管.ipt"，单击"确定"按钮生成零部件文件和装配文件，如图 9-74 所示。

图 9-73　生成零部件

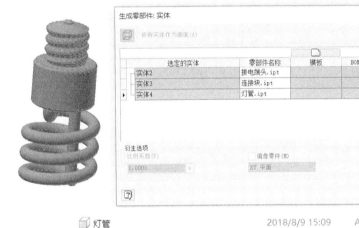

	灯管	2018/8/9 15:09	Autodesk Invent...	397 KB
	灯泡	2018/8/9 15:09	Autodesk Invent...	585 KB
	接电端头	2018/8/9 15:09	Autodesk Invent...	620 KB
	连接块	2018/8/9 15:09	Autodesk Invent...	90 KB

图 9-74　命名零件

9.5.2　节能灯渲染效果

根据节能灯实际情况为节能灯各部分赋予不同的材质。打开节能灯装配图，如图 9-75 所示。

单击工具面板上的"环境"→"Inventor Studio"按钮进入渲染界面，在这个界面中可以通过光源样式、场景样式、局部光源等功能对背景、倒影、灯光等进行样式设置，如图 9-76 所示。然后渲染出想要的效果。

图 9-75　完成设计　　　图 9-76　场景选项

1）设置平行光

单击"光源样式"→"新建样式"按钮，重命名并激活。打开平行光，关闭聚光灯和点光源。如图 9-77 所示。设置灯光的位置和灯光照射的目标位置。设置完成后单击"保存"按钮。

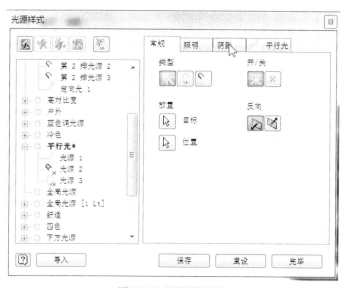

图 9-77　设置平行光

2）设置背景、阴影和反射

单击"场景样式"按钮，命名背景并激活。选择地面位置、背景颜色、阴影和反射，如图 9-78 所示。单击"保存"按钮，完成场景设置。

3）渲染图像

单击"渲染图像"按钮，设置光源样式为"平行光"，场景样式为"背景"，分辨率为 800×600，确定保存路径，如图 9-79 所示。

4）完成渲染

单击"渲染"按钮，即可进行渲染，效果如图 9-80 所示。

图 9-78　设置场景

图 9-79　渲染图像

图 9-80　渲染效果

图 9-81　动画制作

9.5.3　动画制作

单击工具面板上的"环境"→"Inventor Studio"按钮进入渲染界面，如图 9-81 所示。在此界面中可以制作零部件动画、照相机动画、光源动画等多种动画表达。

1. 零部件动画

(1)右击左边浏览器中的"动画"，在右键菜单中选择"新建动画"选项，重命名为"零部件动画"，再右击鼠标，在右键菜单中选择"激活"选项，如图 9-82 所示。单击"动画制作"栏中的"零部件"设置不同部件的位置和相应的时间在控制动画的整体效果。首先选择零部件，然后单击"位置"，调整该部件分离后的位置，再调整开始和结束的时间，如图 9-83 所示；在设置灯管位置时选择时间为"指定"，从第一段结束时间开始运动，如图 9-84 所示。

图 9-82　零部件动画

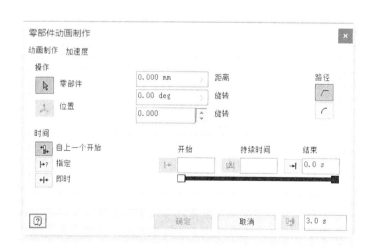

图 9-83　选择各个零件

图 9-84　指定每个零件时间

(2)动画设置完成后，选择"动画时间轴"右边的倒数第三个图标"动画选项"进行时间的设置，长度设置为之前选择的整个时间长度，设置速度为"匀速"，单击"确定"按钮如图 9-85 所示。

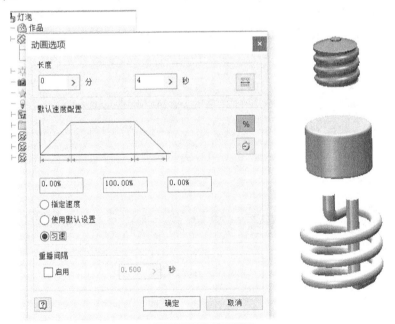

图 9-85　动画总时间

(3)用户通过动画时间轴可以浏览所制作的动画，然后单击上方的"渲染动画"按钮，在"常规"栏中设置画面大小、光源样式、场景样式等信息，在"输出"栏中一定要将时间范围改为用户所设定的时间范围，如图 9-86 所示。然后单击"渲染"按钮，选择存放位置和导出特性(一般为默认)，便可输出制作的零部件动画，如图 9-87 所示。说明：生成视频部件所在位置与事先摆放位置有关。

图 9-86　动画输出

图 9-87　渲染动画

2. 照相机动画

右击左边浏览器中的"动画",在右键菜单中选择"新建动画"选项,重命名为"相机动画";再右击鼠标,在右键菜单中选择"激活"选项,将节能灯位置摆放规整;右击左边浏览器中的"照相机",在右键菜单中选择"从视图中创建照相机"选项,如图 9-88 所示。

单击"动画制作"栏中的"相机"在动画制作栏中选择"照相机1",选中"转盘"复选框。设置旋转轴为"照相机-H",转数为1,设置合理的时间范围(一般为5s),单击"确定"按钮完成照相机旋转动画制作。

局部放大动画通过在动画制作栏中修改照相机的位置,然后设置好动画时间,便可完成,如图 9-89 所示。

图 9-88　相机动画

图 9-89　转盘

在动画时间轴上选择"照相机 1",然后通过动画时间轴可以浏览所制作的动画。单击上方的"渲染动画"按钮,在"常规"栏中设置画面大小、光源样式、场景样式等信息,在输出栏中一定要将时间范围修改为用户所设定的时间范围,单击"渲染"按钮。最后选择存放位置和导出特性(一般为默认),便可输出所制作的相机动画,如图 9-90 所示。

图 9-90　动画输出

3. 光源动画

右击左边浏览器中的"动画"，在右键菜单中选择"新建动画"选项，重命名为"相机动画"，再右击鼠标，在右键菜单中选择"激活"选项，然后将节能灯位置摆放规整。右击左边浏览器中的"局部光源"，在右键菜单中选择"新建光源"选项，类型选择"聚光灯"，设置好目标和聚光灯的位置，在"照明"栏中设置光的强度为 0，设置灯光颜色，如图 9-91 所示。在"聚光灯"栏中设置衰减为"无"，如图 9-92 所示。

图 9-91　光源动画

图 9-92　设置原有光源

单击"动画制作"栏中的"光源"，在"动画制作"栏中选择创建的局部光源，然后单击"定义"按钮，调整光源的位置和目标，设置光的强度为 100，单击"确定"按钮，如图 9-93所示。

通过动画时间轴，可以浏览制作的动画，然后单击上方的"渲染动画"按钮，在"常规"栏中设置画面大小、光源样式、场景样式等信息。在"输出"栏中将时间范围修改为所设定的时间范围，然后单击"渲染"按钮，选择存放位置和导出特性(一般为默认)，即可输出所制作的光源动画。

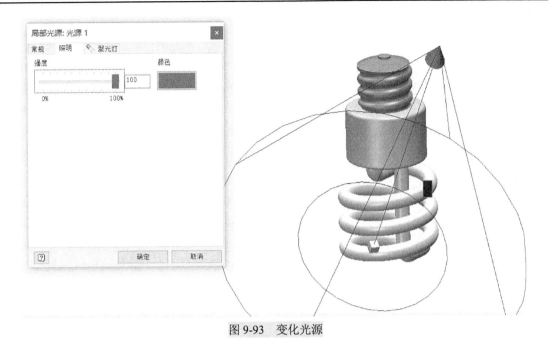

图 9-93　变化光源

9.6　操 作 练 习

设计日常生活小家电用品，建立零件模型和装配体，并做出渲染效果图和动画表达作品。

参 考 文 献

楚宏涛, 2016. Autodesk Inventor 2015 产品设计实战演练与精讲. 北京: 电子工业出版社.

时培德, 2016. Autodesk Inventor 2015 从入门到精通. 北京: 电子工业出版社.

赵卫东, 2010. Inventor 2011 基础教程与项目指导. 上海: 同济大学出版社.